Vlog
短视频入门教程

拍摄、剪辑与运营

vivi的理想生活◎编著

化学工业出版社

·北京·

内 容 简 介

　　本书涉及 Vlog 常用的拍摄器材、取景技巧、构图方式、运镜手法、后期剪辑、内容设计、平台引流和变现渠道等 10 个方面，对 Vlog 短视频进行了一条龙式的专业讲解，帮助大家快速学会 Vlog 短视频的拍摄、剪辑与运营技巧，成为一名出色的 Vlog 创作者和盈利者。

　　本书适合刚刚进入 Vlog 短视频行业的新手创作者，以及想要在抖音、快手、视频号或 B 站等视频平台掘金的视频运营者，还可作为各类培训机构和大中专学校的学习教材或辅导用书。

图书在版编目（CIP）数据

Vlog 短视频入门教程：拍摄、剪辑与运营 / vivi 的理想生活编著 . —北京：化学工业出版社，2021.7（2024.2 重印）
ISBN 978-7-122-38879-7

Ⅰ.① V… Ⅱ.① v… Ⅲ.①视频制作—教材 Ⅳ.① TN948.4

中国版本图书馆 CIP 数据核字 (2021) 第 062190 号

责任编辑：李　辰　孙　炜　　　　　　封面设计：异一设计
责任校对：张雨彤　　　　　　　　　　装帧设计：盟诺文化

出版发行：化学工业出版社（北京市东城区青年湖南街 13 号　邮政编码 100011）
印　　装：北京印刷集团有限责任公司
710mm×1000mm 1/16　印张 8¹/₂　字数 200 千字　2024 年 2 月北京第 1 版第 3 次印刷

购书咨询：010-64518888　　售后服务：010-64518899
网　　址：http://www.cip.com.cn
凡购买本书，如有缺损质量问题，本社销售中心负责调换。

定　价：49.80 元　　　　　　　　　　　　　　版权所有　违者必究

用短视频打造影响力

小林是一家珍珠企业的老板，她来找我时，受大环境影响，她的公司正陷入瓶颈期，我建议她在线上通过视频找到突破口。她的行动力实在让我佩服，我帮她策划了账号，凭借扎实的珍珠功底，一个新号从零开始拍视频、做直播，短短一个月，就在某平台上积累了10万粉丝。她也意外地把自己拍成了"网红"，不仅拓展了线上业务，还做起了自己的社群品牌，找到了第二条增长曲线。

进入2021年，突然有很多小伙伴私信问我：vivi，现在做视频还来得及吗？视频还能火多久？普通人还有机会吗？像小林这样的故事，我身边常有发生，她并不是个例。从2008年的淘宝、2010年的微博、2013年的微信、2014年的公众号、2015年的各种自媒体，到2016年的短视频，可以看到个体的发声平台越来越多，个体的能力也越来越大。

如今环顾四周，身边每个人只要闲下来都在用手机刷视频。可以说：用户的视频习惯已经被培养起来了。再加上5G刚进入商业元年，未来5～10年视频将是普通人最大的机会窗口。

我的同名微博，因为发布、记录了日常的Vlog视频内容，让我的作品直接产生了"150万+"的浏览量，粉丝也从1万直接涨到了10万。2020年9月，我出版了第一本新书《Vlog视频拍摄剪辑与运营 从小白到高手》，上市仅一个月，就成为了京东和当当摄影类的双榜第一，可见视频的市场需求如此庞大。

因此，我建立了一个微信视频号：vivi教你拍视频，每天仅用一分钟就可以学会一个视频技巧，我还为这本书的读者建立了免费的Vlog视频交流群，可以私信我拉你入群。两年前，我创立了Vlog视频学院，已经培养了将近10000名学员从零开始拍视频。

除了给企业策划视频方案，我平时做得最多的是帮助创始人、创业者在网上用视频打造个人品牌影响力，我开设了经典课程《Vlog视频训练营》，采用小班制，这样确保对于每个人，我都有足够的时间去点评指导。经验告诉我，视频会比文字和其他形式获得更多的流量，收到更快的成效。

今年，我又出版了第二本Vlog视频教程，书中主要介绍了如何拍摄与剪辑Vlog视频、如何运营好个人品牌，以及相关的流量变现技巧，希望能够帮助零基础的爱好者、学生群体、中老年朋友等了解Vlog短视频的流程。

如果说2021年只能学习一种技能，那一定是学习拍摄Vlog视频，所有的生意都值得用视频的方式再来一次，希望这本书能为你带来灵感。

最后，感谢大家购买本书，祝大家学习愉快，学有所成！

vivi 的理想生活

目　录

第 1 章

4 个 Vlog 的基础要点

1.1 Vlog 的基本概念

Vlog 是 video blog 的缩写，通常以视频形式出现，是指一种将图像、音乐和文字合为一体，再经过剪辑美化，能够表达出创作者的思想、展示创作者日常生活的视频日记。本节主要介绍 Vlog 是什么、Vlog 的传播特点和 Vlog 的分类。

1. Vlog 是什么

Vlog 简单来说就是视频日记的意思，它的内容大多为碎片化的日常生活记载，没有刻意的故事规划，反而能将最真实的一面展现给大家。图 1-1 所示为笔者在户外拍摄的一段 Vlog 短视频，画面中的女孩正在欢快地跳跃着，心情极好。

▲ 图 1-1　户外 Vlog 短视频

2. Vlog 的传播特点

通过前面的讲解，相信大家已经对 Vlog 有了一个初步认识。接下来笔者将讲述 Vlog 的 4 个传播特点，加深读者对 Vlog 的了解。

（1）UGC 内容生产，碎片化叙事呈现

Vlog 的内容生产呈现形态归结于 UGC 内容（全名为 User Generated Content，用户生成内容）的细分，视频内容主要以创作者为主人公，大多情况下用手机边走边拍，实时记录身边发生的有趣事物，类似于视频日记的形式。再加上剪辑手法，最终形成极具个人特色的生活记录短片，整体则为碎片化的叙事逻辑。图 1-2 所示为以拍摄者作为主人公的旅行 Vlog 短视频画面截图，画面中记录了她旅行时的有趣经历。

▲ 图 1-2　以拍摄者为主人公的旅行 Vlog 短视频画面截图

（2）迎合青年亚文化，增加用户黏性

Vlog 的视频内容以生活题材为主，难免涉及一些二次元的内容，以青年群体为中心，从而迎合他们的兴趣爱好。再借助一些夸张的标题，吸引他们点击和观看，从而获得超高播放量。例如，标题为"漫展上的 XXX，还原度惊了""这个 XXX 也太有灵魂了吧"等这类二次元的 Vlog，很容易吸引青少年观看。图 1-3 所示为一幅拥有夸张标题的二次元 Vlog 短视频截图，可以看出有很多人喜欢这类 Vlog 短视频。

▲ 图 1-3　拥有夸张标题的二次元 Vlog 短视频截图

（3）紧扣松圈主义，适度的自我表达

95 后、00 后作为伴随因特网成长的主要人群，习惯于浏览网络的他们，对网络视频却有着"松圈主义"倾向（"松圈主义"是指他们对圈子的一种若即若离的态度，善用圈子的优势，但又不接受圈子的束缚）。他们喜爱多元事物，不愿意被拘束，有较强的表现欲望，而 Vlog 之所以能够受他们的欢迎，也是正好符合这点。

（4）坚持专业剪辑，制造审美区隔

以前短视频只重视拍摄内容，而不重视剪辑。与以往不同的是，Vlog 非常重视剪辑水准，着力于使视频变得更加美观、有趣。其中优质的 Vlog 还具有高级的审美，与某些偏草根视频的审美不同，它脱离了低级趣味，并且依然坚持精致的生活态度。图 1-4 所示为一幅通过美食展现精致生活的 Vlog 短视频截图，可以看出该博主对生活的态度。

▲ 图 1-4　展现精致生活的 Vlog 短视频截图

3. Vlog 的分类

Vlog 主要分为生活类、学习类、风光剪辑类和思想表达类 4 种，接下来详细分析这几种分类。

（1）生活类

生活类 Vlog 所能拍摄的内容非常丰富，但重点是要热爱生活，有随时记录生活的习惯。比如，可以拍摄一天中从早到晚发生的事情；可以拍摄家里的萌宠、小孩或老人；还可以拍摄和朋友在一起游玩时的快乐瞬间或发生的搞笑小插曲等。

这些都是常见的生活类素材，但是有一点需要特别注意，就是拍摄时一定要把自然真实的一面呈现给大家，这样才能打动观众。图 1-5 所示为一幅分享萌宠日常的 Vlog 短视频截图，画面中的 3 只小狗非常可爱、懂事，赢得了很多观众的喜爱。

▲ 图 1-5   分享萌宠日常的 Vlog 短视频截图

（2）学习类

学习类视频对于专业水平很高的人来说，有很明显的优势，可以选择拍摄一些经验题材的 Vlog 短视频。比如，擅长手工的创作者可以教一些大家感兴趣的手工制作；擅长英语的创作者可以教大家一些快速记住单词的技巧等。只要有拿得出手的技能并愿意进行分享，拍摄这类视频则最适合不过了。

图 1-6 所示为借用七夕节日热点的手工教学 Vlog 短视频，这类 Vlog 短视频通常借助热点来输出干货，能够吸引一部分对此题材感兴趣的观众。

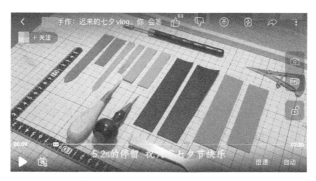

▲ 图 1-6   借用七夕节热点的手工教学 Vlog 短视频截图

（3）风光剪辑类

风光剪辑类视频最早出现在国外，导致很多人以为此类 Vlog 是一个高不可攀的领域。当然，拍摄这类 Vlog 视频与生活类的 Vlog 视频相比确实没那么简单，要求创作者对镜头有一定的敏感度，不仅要知道如何拍出最好看的风景，还要会在自己拍摄的素材中寻找并建立联系，甚至需要把控节奏，最后通过后期剪辑制作出一个壮观的风光 Vlog 作品。

图 1-7 所示为笔者在巴厘岛拍摄的一段风光类 Vlog 短视频片段，房屋林立，海水清澈，风光美极了。

▲ 图 1-7　风光类 Vlog 短视频片段

（4）思想表达类

思想表达类 Vlog 比较注重视频能给人带来多大的影响或者思考，既可以是学习类，也可以是风光类，并不拘泥于任何一种分类。可能会在吃饭时对你说，这里的每一粒米都是农民汗水的结晶，也可能在教你学习技巧时，告诉你努力学习才能改变命运。这类 Vlog 视频要求制作者有较好的表达能力和叙事能力，能够在一件普通的事上拥有不同的见解。

1.2　Vlog 可以怎么拍

很多新手了解了 Vlog 之后，常常会纠结一个问题，那就是 Vlog 要怎么拍呢？往往不知道从何下手。其实，Vlog 并没有大家想象得那么难拍，只要注意以下 5 点即可。

1. 提前规划脚本

拍摄 Vlog 最重要的就是具有好的创意和拍摄技巧。为了避免将 Vlog 拍成记流水账的形式，最好的办法就是先策划一份脚本，把一天可能发生的事情记录下来，了解自己什么时间该做什么，什么地方该说什么话最合适，避免在镜头前相看无言。

2. 多拍摄素材

相信很多刚开始剪辑 Vlog 的创作者们都会遇到一个问题，即视频时长不够，配乐不能卡准点。对于这种情况，大家可以平时多拍一些空镜头的素材，等到剪辑时，再将这些空素材加入进去，让整个视频更加和谐。

3. 多角度拍摄

拍摄时尽量多角度拍摄，不要单一地对着自己拍摄，可以把镜头对着天空或者街边的人，这些镜头会让 Vlog 更加生动，因为每一个不起眼的小角落都可能会让 Vlog 变得不同。

4. 准备需要的设备

拍摄前必须要准备好将要用到的设备，如充电宝、八爪鱼和云台等，以备不时之需。因为拍摄时遇到的好画面不会为你停留，需要随时记录下来。

5. 勇敢克服镜头恐惧

最后一点就是学会克服镜头恐惧，由于 Vlog 经常需要创作者出镜，但很多人都很害怕在人群中或者大街上对着镜头讲话。其实太过在意别人的眼光会让自己变得更加紧张，不如抛开一切，大胆面对，把镜头当成你的朋友，敞开心扉尽情地说。

1.3　Vlog 的优质因素

Vlog 作为一种拥有品质的视频形式，近些年越来越受大家的喜爱。自从 Vlog 在各大视频平台上火了之后，很多视频博主得以转型，并收获了大量粉丝，很多品牌方也将目光关注到这里。那么，哪些因素能够提升 Vlog 短视频的优质度呢？

1. 有趣的内容

有趣的内容不只是 Vlog 要具有趣味性，还要求能够吸引人。视频与照片不同，照片能否吸引人，除了主题突出，还有画质的影响。但是视频能否吸引人，不在于画质，而在于内容。内容有趣，就能让观众忽略画质，那么如何让内容有趣呢？创作者可以选择改变视频的形式，如延时视频、慢动作视频，也可以加入一些运镜技巧，让画面变得生动有趣。

重要的是，这些不同种类的视频形式可以让人们改变观察生活的方式，比如，延时视频能够让人们看到风云的快速变幻，如图 1-8 所示。

▲ 图 1-8　延时 Vlog 短视频片段

2. 好听的背景音乐

众所周知，视频是由声音和画面两部分组合而成的。有时对于视频来说，声音反而比画面更重要。如果一个视频中的噪音不断，就算是再好看的画面也难以接受。所以，一个好的背景音乐对于 Vlog 视频的帮助作用可想而知。

好听的背景音乐不仅能为 Vlog 提升品质，还能把握视频节奏。当然，这也不是说视频的美观度不重要，它依然能影响大众观感。在笔者看来，画质和音质同等重要。

3. 稳定的画面

稳定对于创作者来说十分重要，一个抖动的画面将会毁掉整段视频，即使只有几秒的抖动，观看的人也难以接受。所以，拍摄时需要极其稳定的状态，如果需要拍摄动作量大的 Vlog 视频，可以借用云台来稳定画面，从而起到防抖的效果。

4. 自然剪辑手法

除了拍摄水平，自然剪辑手法也非常重要。一个毫无剪辑修饰过的视频，难免有些粗糙，不能吸引更多的人观看。因此，对于 Vlog 来说，适当的剪辑是相当重要的。对于刚入门的新手来说，他们对于剪辑往往不太擅长。但是，剪辑并没有想象中那么难学，只要学会了取舍，让细节和片段都为主题服务，再将没必要的素材都剪掉就行了。

1.4 Vlog 的发展趋势

了解完 Vlog 短视频的基本概念后，大家可能会有这样一个疑问，究竟这么多网红和视频创作者都挤破头想进入的行业，未来发展前景到底如何呢？接下来笔者将仔细地为大家分析 Vlog 到底有没有发展前景。

1. Vlog 的现状

Vlog 在国外已经出现了很多年，并且已经有了成熟的盈利模式产品，但是对于国内而言这片领域才刚刚被开发出来。而较早的那一批创作者来自国外留学生，他们模仿着国外的拍摄形式记录自己的生活，并将视频上传到国内社交网站，从而与国内的网友形成了一个社交圈。

高品质的 Vlog 内容赢得了年轻人的喜爱，就这样，国内也逐渐兴起了一种全民拍摄 Vlog 的热潮。例如，现在 B 站已成为国内最大的 Vlog 集聚地，日产量达千万条。

2. Vlog 的内容形式

随着 Vlog 的运用越来越普遍，Vlog 创作者们不再满足于分享自己的日常生活，而是创作出以下几种新的内容形式。

形式一：蹭热点

如今随着现在社会的稳定，大部分人的生活都是简单而平凡的，但是这对于想要日常不断更的 Vlog 创作者来说是一个很大的困扰，因为每天一样的生活内容难免显得乏味无趣。不过，也正因如此，视频平台中才慢慢出现了许多贴合观众兴趣爱好的 Vlog 视频，他们以社会热点或热门节日作为话题来创造 Vlog 短视频，吸引了无数的流量和粉丝。图 1-9 所示为以国庆节日为话题制作的 Vlog 短视频片段。

▲ 图 1-9　以国庆节日为话题制作的 Vlog 短视频片段

形式二：加入连续性剧情

拍摄 Vlog 续集的形式有点类似于电视剧模式，创作者在结尾留下悬念，可以激发观众的"追剧心理"，从而保持观众对视频的关注度，也能起到为创作者培养"铁粉"的效果。这种形式的 Vlog 短视频非常适合热爱表演的创作者们，还能让他们拥有一个自我表现的舞台。图 1-10 所示为爱情连续剧类型的 Vlog 短视频片段，吸引了不少观众点赞。

形式三：挖掘剪辑新玩法

这类 Vlog 实用性非常高，尤其是对于那些刚刚进入 Vlog 行业的新手们而言尤为重要。大家都想剪辑出好看的 Vlog 视频，这一需求也成了众多 Vlog 创作者的选题来源，他们开始研究如何挖掘出新玩法，从而吸引观众去浏览、点赞或收藏等。因此，对剪辑感兴趣的创作者们可以去尝试。图 1-11 所示为该类创作者挖掘出来的"剪映"新玩法，清新的画面和独具一格的风格十分受人喜爱。

▲ 图 1-10 爱情连续剧类型的 Vlog 短视频片段

▲ 图 1-11 剪辑新玩法类 Vlog 短视频片段

3. Vlog 的发展趋势

2019 年 4 月 25 日，抖音平台宣布全面为用户开放 1 分钟视频权限，并且还推出类似活动，鼓励大家用丰富的方式进行内容创作。也有很多人认为短视频时代马上过去，因为短视频很难有表达思想的空间。视频平台想要锁定固定的流量，必须要有深度和发展空间都比较好的产品形式，而 Vlog 则是最佳选择。

目前 Vlog 借助各大视频平台的推广，在社会上已经有了不少知名度，并且不断涌现着大批的 Vlog 爱好者，仍有很大的发展空间。由于 Vlog 的自身原因，这类视频形态虽然不具有颠覆短视频市场的能力，但绝对能成为短视频市场的一块有效补充。

图 1-12 所示为某视频平台对于 Vlog 短视频的扶持活动海报，鼓励用户去拍摄 Vlog。目前而言，可以看出 Vlog 短视频在市场上还是很有发展前景的。

▲ 图 1-12　某视频平台对于 Vlog 短视频的扶持活动海报

第 2 章

9 种常见的拍摄器材

2.1 适合拍 Vlog 的手机种类

对于绝大多数新手来说，拍摄 Vlog 短视频其实只需一部手机就足够了。近两年内手机在摄影摄像上的功能开发，已远远满足人们对于视频拍摄的需求。

手机轻巧、方便，每个人都有，随时可以拍，是新手最佳的拍摄工具。而且，手机中有很多专业的拍摄功能，能满足很多视频中的技巧展示，在后期剪辑时用手机导入也非常轻松。下面介绍几款适合拍摄 Vlog 视频的手机，如华为手机、苹果手机等。

1. 华为手机

华为 P40 手机的拍摄功能十分强大，在人们心中的反响度也比较高，好评率在国内也数一数二，一直被认为是手机里面拍照比较好的工具之一，如图 2-1 所示。

华为手机的质量很好，电池的续航能力很强，其中内置的拍摄功能也十分强大，笔者推荐这款手机的原因有以下几点。

▲ 图 2-1　华为 P40 手机

·后置徕卡三摄，分别是 5000 万像素超感知摄像头、1600 万像素超广角摄像头、800 万像素长焦摄像头。

·超感知摄像头使用了感光面积更大的传感器，所拍摄的画面清晰度更高，色彩更加丰富。

·超感知摄像头使用了 RYYB 超感光滤镜阵列，能够实现超感光效果，感光度最大为 204800。

·长焦摄像头的等效焦段为 80mm，拥有 3 倍光学变焦（为近似值）效果。

·通过不同摄像头的组合，能实现各种环境下出色的 5 倍混合变焦效果。

2. 苹果手机

苹果手机拥有强大的性能和处理速度，苹果 iPhone 12 系列拥有两个后置摄像头，而 iPhone 12 Pro 系列拥有 3 个后置摄像头，外加一个 LiDAR 激光雷达扫描仪，不仅能拍摄广角、超广角的照片和视频，还能在晚上拍出出色的画面亮度和纯净度。同时，iPhone 12 还支持 4K 10bit HDR 来拍摄短视频。专业人士都知道，bit 值越高，画面的细节过渡就越自然，所以这个系列的手机是拍摄 Vlog 短视频的不错选择，如图 2-2 所示。

▲ 图 2-2 iPhone 12 系列

笔者推荐这款苹果手机的原因有以下几点。

·iPhone 12 拥有全新双摄镜头，取景范围更广；iPhone 12 Pro 和 iPhone 12 Pro Max 甚至拥有三摄镜头，满足用户长焦端的取景。

·拥有 iPhone 迄今为止最快的 A14 仿生芯片，可拍摄杜比视界视频。

·抗水性能更强大，可以轻松实现在水下拍照。

·5G 速度，上传速度加快。

·超瓷晶面板，抗跌落能力提升 4 倍。

3. 小米手机

众所周知，手机最重要的部位就是它的芯片，目前比较好的芯片厂家有骁龙、麒麟和苹果处理器 A 系列。小米 10 手机采用的就是骁龙的 765 处理器，采用了更好的石墨烯散热技术，散热效果相较于以前提高了很多。小米 10 的屏幕是 6.57 寸，前置摄像头采用挖孔技术，更有 8MP 的超广角镜头，50 倍潜望式变焦，如图 2-3 所示。

▲ 图 2-3 小米手机

笔者推荐这款小米手机的原因有以下几点。

·豪华的三星定制 AMOLED 屏幕。

·后置 1.08 亿像素 + 景深镜头 + 微距镜头 +1300 万像素的 AI 四摄像头设计。

·小米 10 支持 8K 视频的录制。

·拥有双 1216 超线性扬声器，音质音效非常好。

·内置 4160mAh 超大容量电池，支持 30W 快充，拍视频时也不用担心电量。

2.2　提高视频音质的麦克风

常用的录音设备就是麦克风，它的主要作用是使声音效果更加好听。下面笔者来讲解一下什么情况下会用到麦克风，一般选择什么样的麦克风会比较合适。

在户外拍摄 Vlog 时，会将很多嘈杂的声音也录进去，这样十分影响视频的质量，所以选择一款适合在拍摄 Vlog 作品时使用的麦克风极为重要，这样不但提升了 Vlog 作品的质量，还减少了后期工作任务，是两全其美的选择。

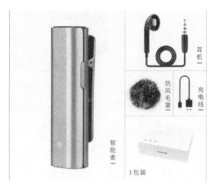

▲ 图 2-4　无线蓝牙麦克风

例如，蓝牙麦克风是无线的，相较于有线麦克风携带更方便，体积也更小巧，使用时只需夹在衣领即可，如图 2-4 所示。蓝牙麦克风的降噪效果十分理想，能过滤掉杂音，还原本人真实的音色。

除了常见的麦克风，录音笔也能帮助创作者拍摄出音质较好的 Vlog 短视频。尤其是采访类、教程类、主持类、情感类或者剧情类的短视频，对声音的要求比较高，必须要使用利于音质效果表现的器材，在这里笔者推荐大家在 TASCAM、ZOOM 及 SONY 等品牌中选择一款性价比较高的录音设备。

（1）TASCAM

这个品牌的录音设备具有稳定的音质和持久的耐用性。例如，TASCAM DR-100MKIII 录音笔的体积非常小，适合单手持用，而且可以保证所采集的人声更为集中与清晰，收录效果非常好，适用于拍摄谈话节目类的短视频场景，如图 2-5 所示。

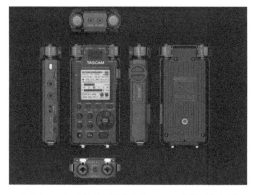

▲ 图 2-5　TASCAM DR-100MKIII 录音笔

（2）SONY

SONY 品牌的录音设备体积较小，比较适合录制各种单人短视频，如教程类或主持类的短视频场景。图 2-6 所示为索尼 ICD-TX650 录音笔，不仅小巧便捷，可以随身携带录音，而且还具有智能降噪、7 种录音场景、宽广立体声录音及立体式麦克风等特殊功能。

2.3 能远程拍摄的蓝牙控制器

蓝牙控制器是一种远程拍摄神器，通过无线蓝牙来控制手机中的相机功能，这样可以真正解放双手，把手机直接固定在某个地方，等拍摄完成后，按结束键即可。图 2-7 所示为手机的蓝牙控制器。

▲ 图 2-6 索尼 ICD-TX650 录音笔

2.4 体验不同视角的特殊镜头

一直使用普通的手机镜头进行拍摄难免觉得疲乏，不妨试试安装在手机上的特殊镜头，如图 2-8 所示。观察在使用不同的特殊镜头拍摄时，会不会得到不同的体验。

▲ 图 2-7 蓝牙控制器

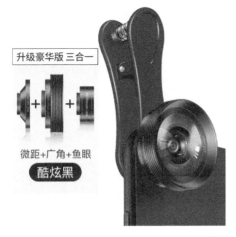

▲ 图 2-8 特殊镜头

例如，广角镜头适合拍摄风景、建筑及多人聚会时的画面；微距镜头适合拍摄花草、静物的细节；鱼眼镜头可拍摄出特殊的视觉效果，即可以拍摄远景又可以拍摄近景，而且拍摄的视角相当广。

2.5 提高视频画质的云台稳定器

为了保证 Vlog 视频拍摄的稳定性，保证画面拍出来不会发抖、模糊，还需要一定的辅助设备来帮助摄影师提升 Vlog 视频的画质。

云台稳定器是一款非常好的手持稳定器，携带非常方便，能让移动拍摄的画面更平稳，产生电影画面的效果，还可以实现各种拍摄效果，快速完成 Vlog 作品的拍摄，如图 2-9 所示。

下面介绍云台稳定器的几个优点。

·手势控制：伸出手掌就能智能拍照。
·智能追踪：提供一键智能跟随模式。
·美颜功能：磨皮、瘦脸和大眼等。
·参数设置：可以调整白平衡、亮度及分辨率参数。

▲ 图 2-9 云台稳定器

▲ 图 2-10 手机三脚架

2.6 稳定视频画面的三脚架

三脚架的主要作用是在长时间拍摄视频时，能很好地稳定手机或者相机镜头，以实现特殊的摄影效果。购买三脚架时要注意，它主要起到一个稳定手机或者相机的作用，所以三脚架需要结实。但是，由于经常需要携带其外出，因此又需要兼具轻便快捷、随身携带的特点。图 2-10 所示为手机三脚架，其中的铁杆可以自由伸缩到想要的高度。

三脚架的首要功能就是稳定性，为创作好的作品提供了一个稳定的平台。用户必须确保相机或者手机的重量均匀分布到三脚架的 3 条腿上，最简单的确认办法就是让中轴与地面保持垂直。如果用户无法判断是否垂直，也可以配备一个水平指示器。

2.7 携带方便的八爪鱼

上一节中介绍了三脚架，它的优点为：一是稳定，二是能伸缩。但三脚架也有缺点，就是摆放时需要放置在较平的地面上，而八爪鱼刚好能弥补三脚架的缺点。

八爪鱼支架非常轻巧，便于携带，同时还可以兼容手机、单反相机和微单相机。八爪鱼支架通常采用高弹力的胶材质制作，持久耐用，可以反复弯折，不仅可以"爬杆"，还能"倒挂"，能够帮助用户从各种角度拍摄 Vlog 创意作品，如图 2-11 所示。

手机八爪鱼　　　　　　　　　　　相机八爪鱼

▲ 图 2-11　八爪鱼支架

2.8 能给画面补光的灯

在室内或者专业摄影棚内拍摄 Vlog 视频时，如果需要保证光感清晰、环境敞亮、可视物品整洁，就需要明亮的灯光和干净的背景。下面介绍一些拍摄专业 Vlog 视频时常用的灯光设备。

▲ 图 2-12　摄影灯箱

·摄影灯箱：摄影灯箱能够带来充足且自然的光线，具体打光方式以实际拍摄环境为准，建议设置一个顶位、两个低位，如图 2-12 所示。

·顶部射灯：功率大小通常为 15W ～ 30W，用户可以根据拍摄场景的实际面积和安装位置来选择合适的射灯强度和数量，也可以改变射灯的角度来组成场景所需的照明效果，如图 2-13 所示。

·美颜面光灯：美颜面光灯通常带有美颜、美瞳和靓肤等功能，其光线质感柔和，同时可以随场景变化而自由调整光线亮度和补光角度，从而拍出不同的光效。适合拍摄彩妆造型、美食试吃、主播直播及人像视频等场景，如图 2-14 所示。

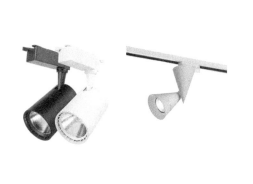

▲ 图 2-13　顶部射灯　　　　　　　　　▲ 图 2-14　美颜面光灯

2.9　颠覆认知的口袋相机

　　大疆 OSMO pocket 可以认为是拍摄 Vlog 的一款"神器"，大疆这款口袋相机是真的可以放进口袋的相机。其轻便的机身及长条形的设计，可以随身携带，十分节省空间，如图 2-15 所示。

　　下面介绍大疆 OSMO pocket 这款相机的几个主要参数。

　　·抗闪烁功能：拍摄灯光及较亮处时，可以防止出现闪屏的情况。

▲ 图 2-15　大疆 OSMO pocket

　　·对焦：包含连续对焦和单次对焦两种模式。

　　·续航：满电续航可达到 140 分钟。

　　·云台模式：有轨迹延时、三轴防抖等功能。

　　·参数设置：白天推荐用 1080P、60FPS，夜景与弱光室内推荐用 1080P、30FPS。

　　·重量：机身的重量约 116g。

第 3 章

5 种 Vlog 的拍摄技巧

3.1 光线的运用

光线可以分为自然光与人造光。如果这个世界没有光线，那么就会呈现出一片黑暗的景象，所以光线对于视频拍摄来说至关重要，同时决定着视频的清晰度。

比如，光线比较黯淡时，所拍摄的视频画面就会模糊不清，即使手机像素很高，也可能存在这种问题。而光线较亮时，所拍摄的视频画面则会比较清晰。下面主要介绍顺光、侧光和逆光这 3 种常见自然光线的拍摄技巧，帮助大家用光影来突出 Vlog 短视频的层次与空间感。

1. 顺光

顺光是指照射在被摄物体正面的光线，其主要特点是受光非常均匀，画面比较通透，不会产生明显的阴影，而且色彩亮丽。采用顺光拍摄的视频作品能够让主体更好地呈现出自身的细节和色彩，从而进行细腻的描述，如图 3-1 所示。

▲ 图 3-1 顺光拍摄的 Vlog 短视频片段

2. 侧光

　　侧光是指光源的照射方向与视频的拍摄方向呈直角状态，即光源是从视频拍摄主体的左侧或右侧直射过来的光线。被摄物体受光源照射的一面非常明亮，而另一面则比较阴暗，画面的明暗层次感非常分明，从而使主体更加立体，如图 3-2 所示。

▲ 图 3-2　侧光拍摄展现立体感

3. 逆光

　　逆光是指拍摄方向与光源照射方向刚好相反，也就是将镜头对着光拍摄。逆光可以分为侧逆光和逆光两种，多用于拍摄剪影场景。逆光的拍摄原理是降低人物部分的曝光度，使其在画面中呈现出漆黑的剪影形式，这样做可以更好地集中欣赏者的视线，完整地诠释被摄人物的肢体动作。

（1）侧逆光拍摄

在侧逆光环境下，可以让主体看上去更具形式感，不同的阴影位置和长度可以创造出不同的画面效果。同时，画面的明暗对比也非常强烈，增强了画面的活力和气氛。另外，背景中的太阳光作为画面的陪体，使画面色彩更加浓烈，可以对画面起到很好的烘托作用。

在侧逆光下拍摄半剪影效果时，光线会在主体周围产生耀眼的轮廓光，强烈地勾勒出主体的轮廓和外观，质感也非常强烈，如图3-3所示。

▲ 图3-3　侧逆光下拍摄的半剪影视频

（2）逆光拍摄

在逆光拍摄时能够拍出完全漆黑的剪影效果，也就是拍摄者要迎着光源，让光线被主体（人物或物体）挡住，这样主体就会因曝光不足而出现一个几乎全黑的轮廓，从而实现特殊的创意与画面表现，如图3-4所示。

▲ 图3-4　逆光下拍摄的 Vlog 剪影画面

如果使用逆光拍摄树林，还会使树叶呈现晶莹剔透感，如图 3-5 所示。

▲ 图 3-5　逆光下拍摄的树林 Vlog 视频片段

3.2　距离的把握

拍摄距离，顾名思义就是指镜头与视频拍摄主体之间的远近距离。拍摄距离的远近，能够在手机镜头像素固定的情况下，改变视频画面的清晰度。一般来说，距离镜头越远视频画面越模糊，距离镜头越近视频画面越清晰，当然，这个"近"也是有限度的，距离过近也会使视频画面因为失焦而变得模糊不清。

在拍摄视频时，一般通过两种不同的方法来控制镜头与视频拍摄主体的距离。

第一种是靠手机里自带的变焦功能，将远处的视频拍摄主体拉近，这种方法主要适用于被摄对象较远、无法短时间到达，或者被摄对象处于难以到达的地方。

通过变焦功能，能够将远处的景物拉近，然后再进行视频拍摄就可以很好地解决这一问题。而且在视频拍摄过程中，采用变焦拍摄的好处是免去了拍摄者因距离远近而跑来跑去的麻烦，只需站在同一个地方也可以拍摄到远处的景物。

如今，很多手机都可以实现变焦功能。大部分情况下，手机变焦可以通过两根手指（一般是大拇指与食指），捏住视频拍摄界面放大或者缩小，就能够实现视频拍摄镜头的拉近或者推远。下面以使用苹果手机拍摄视频时的变焦设置为例，讲解如何使用手机的变焦功能。

打开手机相机界面，❶点击"视频"按钮；❷可以看到屏幕上显示正常的画面；❸然后用双指在屏幕上放大焦距，会出现拉杆，如图 3-6 所示。当然，使用这种变焦方法用力拉近视频拍摄主体时，其画质也会受到手机镜头本身像素的影响而变差。

▲ 图 3-6　苹果手机拍摄视频变焦设置

第二种是在短时间能够到达或者容易到达的地方，拍摄者可以移动自身位置来达到缩短拍摄距离的效果。在使用变焦拍摄视频时，一定要把握好变焦的程度，远处的景物会随着焦距的拉近而变得不清晰。所以，为了保证视频画面的清晰度，变焦时要适度。

3.3　场景的变化

场景的转换看上去很容易，只是简单地将镜头从一个地方移动到另一个地方。然而，在拍摄影视剧时场景的转换至关重要，它不仅关系到作品中的剧情走向或视频中事物的命运，还关系到视频的整体视觉感官效果。

如果一段视频中的场景转换十分生硬，除非是特殊的拍摄手法或者是导演想要表达特殊的含义之外，这种生硬的场景转换会使视频的质量大大降低。

在影视剧中，场景的转换一定要自然流畅，形云流水、恰到好处的场景转换可以使视频的整体质量大大提升。拍摄 Vlog 短视频时的场景转换类型有以下两种。

第一种是同一个镜头中，一段场景与另一段场景的变化，这种场景之间的转换需要自然得体，符合视频内容或故事走向。

例如，下面这段 Vlog 短视频，第 1 个场景是从近处拍摄的山川地貌；第 2 个场景则将镜头拉远，拍摄到的山川地貌越来越广阔，两个场景共同组成一个展示山川地貌的 Vlog 短视频大片，如图 3-7 所示。

▲ 图 3-7　通过两个场景共同组成一个山川地貌主题的 Vlog 短视频大片

第二种是一个片段与另一个片段之间的转换，即转场。转场是指多个镜头之间的画面切换。这种场景效果的变换需要用视频后期处理软件来实现。

具有转场功能的手机视频处理软件非常多，这里推荐"剪映"App。下载并安装"剪映"App 后，导入两段及以上的视频素材，进入"转场"界面后即可为视频设置转场效果。

一般来说，场景转换时出现的画面都会带有某种寓意或者象征故事的某个重要环节，所以场景转换时的画面一定要与整个视频内容有关系。

3.4　画面的稳定

呼吸能引起胸腔的起伏，在一定程度上能带动上肢，也就是双手的运动，所以呼吸声可能会影响视频拍摄的画质。一般来说，呼吸声较大、较剧烈时，双臂的运动幅度也会增加。所以，较好地控制呼吸的大小，可以在一定程度上增加视频拍摄的稳定性，从而增强视频画面的清晰度。尤其是用双手端举拍摄设备进行拍摄时，这种呼吸声带来的反应非常明显。

要想保持平稳、均匀的呼吸，在视频拍摄之前切记不要做剧烈运动，或者等呼吸平稳了再开始拍摄视频。此外，在拍摄过程中，用户也要做到"小、慢、轻、匀"，即呼吸声要小，身体动作要慢，呼吸要轻、要均匀。

在呼吸声较小且平稳的情况下，拍摄出来的视频画面就会相对清晰，如图3-8所示。另外，如果使用手机拍摄视频，且手机本身就具有防抖功能，那么一定要开启这项功能，从而在一定程度上使视频画面稳定。

▲ 图 3-8　呼吸声较小时拍摄的视频画面

在视频的拍摄过程中，除了呼吸声的控制，还要注意手部动作及脚下动作的稳定。身体动作过大或者过多，都会引起手中拍摄设备的摇晃。不论摇晃幅度的大小，只要拍摄设备发生摇晃，除非是特殊的拍摄需要，否则都会对视频画面产生不良的影响。图3-9所示为拍摄时呼吸声太大、手部有所晃动，从而导致拍摄出来的 Vlog 画面不清晰。

▲ 图 3-9 呼吸声太大、手部晃动导致 Vlog 视频画面不清晰

3.5 镜头的美化

智能手机自带的相机通常都有很多滤镜效果,在录制一些特别的画面时,使用这些滤镜可以强化画面的气氛,让画面更有代入感。在用手机拍摄视频时,只需找到相机中的滤镜选项,然后将镜头对准拍摄对象,即可实时预览各种滤镜的拍摄效果,选择一个合适的滤镜,如图 3-10 所示。不同手机的滤镜类型和效果程度虽然不同,但操作方法都比较简单,大家可以自行摸索。

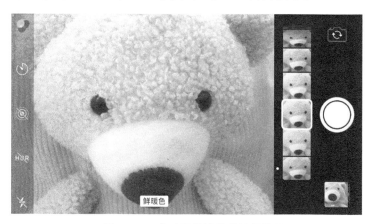

▲ 图 3-10 实时预览滤镜的拍摄效果

例如,在拍摄美食视频时,可以选择合适的滤镜来进行拍摄,这样能够让视频画面中的美食变得更加诱人,让人看起来更有食欲,对比效果如图 3-11 所示。

▲ 图 3-11　未使用滤镜（上）与使用滤镜（下）后拍摄的美食视频对比效果

　　再例如，在拍摄风光视频时，可以选择合适的滤镜来拍摄，通过对画面的色彩和影调进行调整，能够让普通的风景变得更有质感，色彩还原度更高，对比效果如图 3-12 所示。

▲ 图 3-12　未使用滤镜（左）与使用滤镜（右）后拍摄的风光视频对比效果

第 4 章

9 种 Vlog 的构图技巧

4.1 横竖构图

画幅是影响 Vlog 短视频构图取景的关键因素，用户在构图前要先确定好 Vlog 短视频的画幅。画幅是指 Vlog 短视频的取景画框样式，通常包括横画幅和竖画幅两种，也可以称为横构图和竖构图。

1. 横构图

横构图就是将手机或相机水平持握拍摄，然后通过取景器横向取景，如图 4-1 所示。因为人眼的水平视角比垂直视角要更大一些，因此横画幅在大多数情况下会给观众一种自然舒适的视觉感受，同时可以使视频画面的还原度更高。

▲ 图 4-1　使用横构图拍摄的 Vlog 短视频画面

2. 竖构图

竖构图就是将手机或相机垂直持握拍摄，拍出来的视频画面拥有更强的立体感，比较合适拍摄具有高大或线条特点的 Vlog 短视频题材，如图 4-2 所示。

▲ 图 4-2　使用竖构图拍摄的 Vlog 短视频画面

4.2　前景构图

　　前景，最简单的解释就是位于视频拍摄主体与镜头之间的事物。前景构图是指利用恰当的前景元素来构图取景，可以使视频画面具有更强的纵深感和层次感，同时也能极大地丰富视频画面的内容，使视频更加鲜活饱满。因此，在进行视频拍摄时，可以将身边能够充当前景的事物拍摄到视频画面中来。

　　前景构图有两种操作思路，一种是将前景作为陪体，将主体放在中景或背景位置上，用前景来引导视线，使观众的视线聚焦到主体上，如图 4-3 所示。

▲ 图 4-3　将前景（喷泉、栏杆）作为陪体

另一种是直接将前景作为主体，通过背景环境来烘托主体，如图 4-4 所示。

▲ 图 4-4　将前景（人物）作为主体

在构图时，为视频画面增加前景元素，主要是为了让画面更有美感，那么，什么样的元素可以作为前景呢？在拍摄短视频时，可以作为前景的元素有很多，如花草、树木、水中的倒影、人物、栏杆及各种装饰道具等，不同的前景具有不同的作用，如图 4-5 所示。

❶将树干作为前景（作用：形成框架）　　❷将水面作为前景（作用：增添气氛）

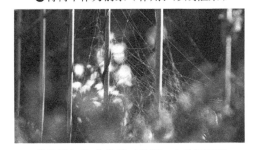 

❸将栏杆作为前景（作用：切割画面）　　❹将树叶作为前景（作用：颜色对比）

▲ 图 4-5　不同的前景元素

图 4-6 所示为使用前景构图航拍的 Vlog 短视频，选取飞机的机翼作为前景，提高了画面的整体视觉冲击力，并引导了视线，让观众的视觉焦点聚焦在蓝天上，可以看出画面中的蓝天白云十分抢眼。

▲ 图 4-6 前景构图航拍的 Vlog 短视频片段

4.3 中心构图

中心构图又称中央构图，简而言之，就是将视频主体置于画面正中间进行取景。中心构图最大的优点在于主体突出、明确，而且画面可以达到上下左右平衡的效果，更容易抓人眼球。拍摄中心构图的视频非常简单，只需将主体放置在视频画面的中心位置即可，而且不受横、竖构图的限制，如图 4-7 所示。

横画幅中心构图

竖画幅中心构图

▲ 图 4-7 中心构图的操作技巧

拍摄中心构图的相关技巧如下。

①选择简洁的背景。使用中心构图时，尽量选择背景简洁的场景，或者主体与背景的反差比较大的场景，这样能够更好地突出主体，如图 4-8 所示。

▲ 图 4-8　选择简洁的背景

②制造趣味中心点。中心构图的主要缺点是画面效果比较呆板，因此拍摄时可以运用光影角度、虚实对比、肢体动作、线条韵律及黑白处理等方法，制造一个趣味中心点，让视频画面更加吸引眼球。

图 4-9 所示为采用中心构图拍摄的美食 Vlog 短视频画面，其构图形式非常精炼，在运镜过程中始终将美食放在画面中间，观众的视线会自然而然地集中到主体上，让拍摄者想要表达的内容一目了然。

▲ 图 4-9　中心构图拍摄的美食 Vlog 短视频画面

4.4 三分线构图

三分线构图，顾名思义，就是将视频画面从横向或纵向分为 3 部分，在拍摄视频时，将对象或焦点放在三分线构图的某一位置上进行构图取景，如图 4-10 所示。

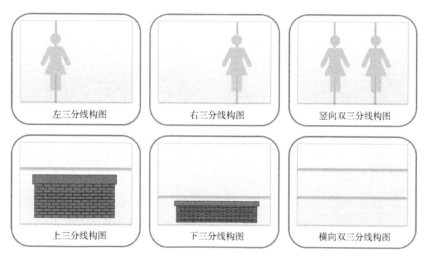

| 左三分线构图 | 右三分线构图 | 竖向双三分线构图 |
| 上三分线构图 | 下三分线构图 | 横向双三分线构图 |

▲ 图 4-10 三分线构图原理示例

1. 上三分线构图

上三分线构图是取画面的上 1/3 处作为分界点。如图 4-11 所示，天空占了整个画面上方的 1/3，地面占了整个画面下方的 2/3，使视频画面展现出磅礴的气势。

▲ 图 4-11 上三分线构图拍摄的视频截图

2. 下三分线构图

如图 4-12 所示，采用的是下三分线的构图手法，以跨江大桥为分界线，凤凰坨江占画面下 1/3 的空间，这种构图可以使视频画面看起来更加稳定、平衡。

▲ 图 4-12　下三分线构图拍摄的视频截图

3. 左三分线构图

左三分线构图是指将主体或辅体置于左竖向三分线构图的位置。如图 4-13 所示，视频画面中的人物就处于画面左侧 1/3 处，成功地将观众的视觉焦点聚焦在左侧。

▲ 图 4-13　左三分线构图拍摄的视频截图

4. 右三分线构图

右三分线构图与左三分线构图刚好相反，是指将主体或辅体放在画面中右侧

1/3 处的位置，从而突出主体，如图 4-14 所示。同阅读一样，人们看视频时也习惯从左往右，当视线经过运动最后会落于画面右侧，所以将主体置于画面右侧既能产生较好的视觉效果，还能产生一种距离的美感。

▲ 图 4-14 右三分线构图拍摄的视频截图

4.5 九宫格构图

九宫格构图又称井字形构图，是三分线构图的综合运用形式，是指用横竖各两条直线将画面等分为 9 个空间。这种构图不仅可以让画面更加符合人眼的视觉习惯，而且还能突出主体、均衡画面。

使用九宫格构图，不仅可以将主体放在 4 个交叉点上，还可以将其放在 9 个空间格内，可以使主体非常自然地成为画面的视觉中心，如图 4-15 所示。

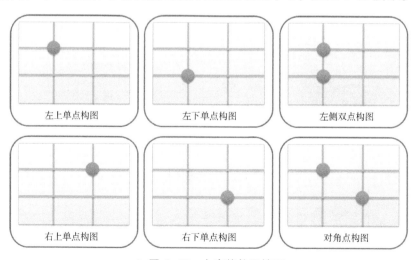

左上单点构图　　左下单点构图　　左侧双点构图

右上单点构图　　右下单点构图　　对角点构图

▲ 图 4-15 九宫格构图技巧

如图 4-16 所示，拍摄者将模特安排在九宫格左下角的交叉点位置附近，不仅可以为相机镜头的拍摄方向留下大量的空间，还能体现出人物视线向前的延伸感。

▲ 图 4-16　九宫格构图拍摄的视频示例

在拍摄 Vlog 短视频时，用户可以开启手机的九宫格构图辅助线，以便更好地对画面中的主体元素进行定位或保持线条的水平。

苹果手机的九宫格构图线的打开方式为：在苹果手机的桌面上，❶ 点击"设置"按钮 ⚙️，进入手机"设置"界面；❷ 选择"相机"选项；❸ 启用"网格"功能，即可设置苹果手机的九宫格网格线，如图 4-17 所示。

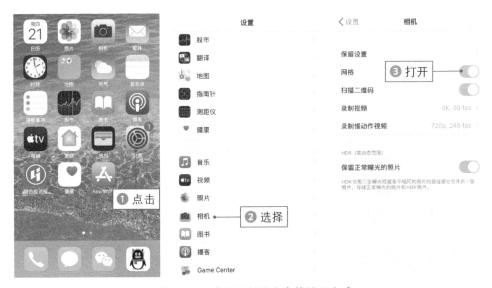

▲ 图 4-17　苹果手机的九宫格设置方式

4.6 框式构图

框式构图分为规则框式构图和不规则框式构图两种。它的拍摄原理是，让画面的主体处于一个框架里面，这个框架可以像方形也可以像圆形，有的甚至还看不出形状。

图 4-18 所示为规则框式构图拍摄案例，画面中以机舱窗户作为前景，成功地将观众的视线汇集到了窗外的飞机上。

▲ 图 4-18　规则框式构图拍摄案例

图 4-19 所示为不规则框式构图拍摄案例，画面中的两角和内侧的房屋形成一个不规则的框，直接突出了画面最中心的建筑，还能合理留白。

▲ 图 4-19　不规则框式构图拍摄案例

框式构图的重点是利用主体周边的物体构成一个边框，可以起到突出主体的作用。框式构图主要通过门窗等作为前景形成框架，透过门窗框的范围引导观众的视线至被摄对象上，从而增强视频画面的层次感，同时还具有更多的趣味性，形成不一样的画面效果。

4.7　引导线构图

引导线可以是直线，也可以是斜线、对角线或者曲线，可以通过引导线"引导"观众的注意力，吸引他们的兴趣。

引导线构图的主要作用如下。

- ·引导视线至画面主体。
- ·丰富画面的结构层次。
- ·具有极强的纵深效果。
- ·展现出景深和立体感。
- ·创造出深度的透视感。
- ·帮助观众探索整个场景。

生活中常见场景的引导线有道路、建筑物、桥梁、山脉、强烈的光影及地平线等。很多短视频拍摄场景中都包含各种形式的线条，因此拍摄者要善于找到这些线条，利用它们来增强视频画面冲击力，如图 4-20 所示。

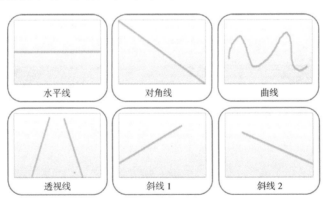

▲ 图 4-20　引导线的基本类型

下面通过实拍案例来介绍引导线构图，帮助用户进一步掌握其拍摄方法。

①水平线构图：以一条水平的直线来进行构图取景，给人以辽阔和平静的视觉感受，如图 4-21 所示。水平线构图需要前期多看、多琢磨，寻找一个好的拍摄位置。

▲ 图 4-21 水平线构图

②对角线构图：这是一种比斜线构图更规范的一种构图形式，强调对角成一条直线，它可以使画面更具方向感。如图 4-22 所示，在取景构图时，将电线放在画面的对角线位置上，引导人们的视线。

▲ 图 4-22 对角线构图

③透视线构图：是指视频画面中的某一条线或某几条线，呈现"近大远小"的透视规律，能使观众的视线沿着视频画面中的线条汇聚成一点。图 4-23 所示

为采用透视线构图拍摄的高架桥 Vlog 短视频，桥上的道路由远及近形成延伸感的线条，能很好地汇聚观众的视线，使视频画面更具震撼、深远的意味。

▲ 图 4-23　透视线构图

④斜线构图：主要利用画面中的斜线来引导观众的目光，同时能够展现物体的运动、变化及透视规律，让视频画面更有活力和节奏感。图 4-24 所示为利用大桥的斜线来进行构图，分割水面与天空，让视频画面更具层次感。

▲ 图 4-24　斜线构图

4.8　对称式构图

对称构图是指画面中心有一条线把画面分为对称的两部分，既可以是画面上下对称，也可以是画面左右对称，还可以是围绕一个中心点实现画面的径向对称。这种对称画面给人一种平衡、稳定与和谐的视觉感受。

生活中有很多不同形式的对称画面，下面总结了一些在短视频中常用的对称构图类型，如图 4-25 所示。

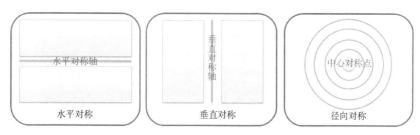

▲ 图 4-25　对称构图的 3 种常见类型

如图 4-26 所示，以地面与水面的交界线为水平对称轴，水面清晰地反射了上方的景物，形成水平对称构图，从而使视频画面的布局更加平衡。

▲ 图 4-26　水平对称构图

如图 4-27 所示，拍摄者采用垂直对称构图的形式，以水晶灯为中心，左右两侧的元素对称排列。拍摄这种视频画面时要注意横平竖直，尽量不要倾斜。

▲ 图 4-27 垂直对称构图

4.9 对比构图

对比构图的含义很简单，就是通过不同形式的对比，来强化画面的构图，产生不一样的视觉效果。对比构图的意义有两点：一是通过对比产生区别，从而强化主体；二是通过对比来衬托主体，起到辅助作用。

对比反差强烈的短视频作品能够给观众留下深刻的印象。下面总结了对比构图的 4 种拍法，掌握这些方法可使 Vlog 短视频的主题更鲜明，同时画面也更吸引人。

①大小对比构图：通常是指在同一画面中利用大小两种对象，以小衬大，或以大衬小，使主体得到突出，如图 4-28 所示。在拍摄 Vlog 短视频时，可以运用构图中的大小对比来突出主体，但注意画面要尽量简洁。

▲ 图 4-28 大小对比构图（房屋的"小"和草地的"大"形成对比）

②虚实对比构图：这是一种利用景深拍摄视频，让背景与主体产生虚实区别的构图法。这种虚实对比的画面会让人们将视线放在画面中的清晰物体上，而忽略模糊的、看不清的物体。采用虚实对比构图拍摄的画面效果，如图 4-29 所示。

▲ 图 4-29　虚实对比构图（枫叶的"实"和背景的"虚"形成对比）

③明暗对比构图：是指两种不同亮度的物体同时存在于视频画面中，对观众的眼睛进行有力冲击，从而增强 Vlog 短视频的画面感，如图 4-30 所示。

▲ 图 4-30　明暗对比构图（暗淡的山峰剪影和明亮的天空形成对比）

④颜色对比构图：包括色相对比、冷暖对比、明度对比、纯度对比、补色对比、同色对比和黑白灰对比等多种类型，如图4-31所示。人们在欣赏视频时，通常会先注意到鲜艳的色彩，拍摄者可以利用这一特点来突出Vlog短视频的主体。

▲ 图4-31　颜色对比构图（红色的荷花和绿色的荷叶形成对比）

第 5 章

10 种 Vlog 的运镜手法

5.1　拍摄 Vlog 的两大镜头类型

　　Vlog 短视频的拍摄镜头包括两种常用类型，分别为固定镜头和运动镜头。固定镜头是指在拍摄 Vlog 短视频时，镜头的机位、光轴和焦距等都保持固定不变，适合拍摄画面中有运动变化的对象，如车水马龙、日出日落等场景。运动镜头是指在拍摄的同时会不断调整镜头的位置和角度，也可以称之为移动镜头。

　　使用固定镜头拍摄 Vlog 短视频时，只需用三脚架或者双手持机，保持镜头固定不动即可。运动镜头则通常需要使用手持稳定器辅助拍摄，拍出画面的移动效果。固定镜头和运动镜头的操作技巧如图 5-1 所示。

固定镜头

取景位置：固定不变
画面元素：在固定的取景画面中运动变化
　　　　　如上图中流动的云朵

运动镜头

取景位置：向前、后、上、下、左、右等方向移动变化
　　　　　如上图中取景位置不断向前推移
画面元素：在移动的取景画面中运动变化
　　　　　如上图中的建筑，其景别由小变大

▲ 图 5-1　固定镜头和运动镜头的操作技巧

　　在拍摄形式上，运动镜头要比固定镜头更加多样化。常见的运动镜头包括推拉运镜、横移运镜、摇移运镜、甩动运镜、跟随运镜、升降运镜及环绕运镜等。用户在拍摄 Vlog 短视频时可以熟练使用这些运镜方式，更好地突出画面细节和表达主题内容，从而吸引更多用户关注你的作品。

　　图 5-2 所示为使用三脚架固定镜头位置拍摄的日落延时视频效果，这种固定镜头的拍摄形式能够将天空中云卷云舒的画面完整地记录下来。

▲ 图 5-2 使用三脚架固定镜头拍摄日落流云的画面

5.2 选取合适的镜头角度

在使用运镜手法拍摄 Vlog 短视频前，首先要掌握各种镜头角度，如平角、斜角、仰角和俯角等，熟悉角度能够帮助用户在运镜时更加得心应手。

平角即镜头与拍摄主体保持水平方向的一致，镜头光轴与对象（中心点）齐高，能够更客观地展现主体的原貌。斜角即在拍摄时将镜头倾斜一定的角度，从而产生透视变形的画面失调感，能够让画面显得更加立体。图 5-3 所示分别为平角和斜角的操作技巧。

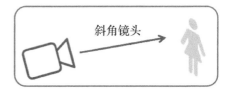

▲ 图 5-3　平角和斜角的操作技巧

俯角即采用高机位俯视的拍摄角度，可以让拍摄对象看上去更加弱小，适合拍摄建筑、街景、动物、风光、美食或花卉等 Vlog 短视频题材，能够充分展示主体的全貌。仰角即采用低机位仰视的拍摄角度，能够让拍摄对象显得更加高大，同时可以让视频画面更有代入感。图 5-4 所示分别为俯角和仰角的操作技巧。

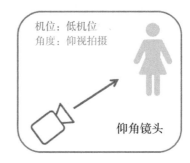

▲ 图 5-4　俯角和仰角的操作技巧

图 5-5 所示为利用"俯角镜头"的方式站在高处拍摄的沙漠 Vlog 短视频，不仅能够拍出沙漠中的游人和娱乐设施，还可以展现周围的环境。

▲ 图 5-5　俯角镜头的拍摄示例

5.3　5 种重要的 Vlog 镜头景别

镜头景别是指镜头与拍摄对象的距离，通常包括远景、全景、中景、近景和特写等几大类型，不同的景别可以展现出不同的画面空间大小。

用户可以通过调整焦距或者拍摄距离来调整镜头景别，从而控制取景框中的主体和周围环境所占的比例大小。

1. 远景镜头

远景镜头又可以细分为大远景和全远景两类。

①大远景镜头：景别的视角非常大，适合拍摄城市、山区、河流、沙漠或者大海等户外类短视频题材。大远景镜头尤其适合用于片头部分，通常使用大广角镜头拍摄，能够将主体所处的环境完全展现出来，如图 5-6 所示。

②全远景镜头：可以兼顾环境和主体，通常用于拍摄高度和宽度都比较充足的室内或户外场景，可以更加清晰地展现主体的外貌形象和部分细节，并能更好地表现视频拍摄的时间和地点，如图 5-7 所示。

大远景镜头和全远景镜头的区别除了拍摄的距离不同外，大远景镜头对于主体的表达也是不够的，主要用于交代环境；而全远景镜头则在交代环境的同时，兼顾了主体的展现。例如，在图 5-6 中拍摄的是大面积的山坡，而在图 5-7 中则重点将一条公路作为主体。

▲ 图 5-6　大远景镜头拍摄示例

▲ 图 5-7　全远景镜头拍摄示例

2. 全景镜头

全景镜头的主要功能就是展现人物或其他主体的"全身面貌"，通常使用广角镜头拍摄，视频画面的视角非常广。全景镜头的拍摄距离比较近，能够将同一视角下所有的环境包含在内，包括人物的性别、服装、肢体动作，以及景点的整体环境等，如图 5-8 所示。

▲ 图 5-8　全景镜头拍摄示例

3. 中景镜头

中景镜头的景别为从人物的膝盖部分向上至头顶，不但可以充分展现人物的面部表情、发型发色和视线方向，还可以兼顾人物的手部动作，如图 5-9 所示。

▲ 图 5-9　中景镜头拍摄示例

4. 近景镜头

近景镜头的景别主要是将镜头下方的取景边界线卡在人物的腰部位置上，用于重点刻画人物形象和面部表情，展现出人物的神态、情绪和性格特点等细节，如图 5-10 所示。

▲ 图 5-10　近景镜头拍摄示例

5. 特写镜头

特写镜头的景别主要着重刻画人物的整个头部画面或身体的局部特征。特写镜头是一种纯细节的景别形式，在拍摄时将镜头只对准人物的脸部、手部或者脚部等某个局部，进行细节的刻画和描述，如图 5-11 所示。

▲ 图 5-11　特写镜头拍摄示例

5.4 表现物体前后变化的推拉运镜

推拉运镜是 Vlog 短视频中最为常见的运镜方式，通俗来说就是一种"放大画面"或"缩小画面"的表现形式，可以用来强调拍摄场景的整体或局部，以及彼此间的关系。推拉运镜的操作技巧如图 5-12 所示。

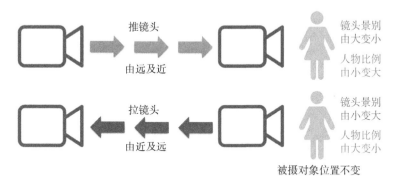

▲ 图 5-12　推拉运镜的操作技巧

推镜头是指从较大的景别将镜头推向较小的景别，如从远景推至近景，从而突出用户想要表达的细节，将这个细节之处从镜头中凸显出来，让观众注意到。拉镜头的运镜方向与推镜头正好相反，先用特写或近景等景别将镜头靠近主体拍摄，然后再向远处逐渐拉出，拍摄远景画面。如图 5-13 所示，拍摄时镜头与拍摄物体距离较近，能够看清近处的风景和人物细节等。

▲ 图 5-13　近距离拍摄

然后通过拉镜头的运镜方式，将镜头机位向后拉远，画面中的物体变得越来越小，同时让镜头获得更加宽广的取景视角，如图 5-14 所示。

▲ 图 5-14　通过拉镜头交代主体所处的环境

5.5　扩大视频画面空间感的横移运镜

横移运镜是指拍摄时镜头按照一定的水平方向移动，它与推拉运镜向前后方向运动的不同之处在于，横移运镜是将镜头向左右方向运动。横移运镜通常用于表现剧中的情节，如人物在沿直线方向走动时，镜头也跟着横向移动，不仅可以更好地展现出空间关系，而且能够扩大画面的空间感。横移运镜的操作技巧如图 5-15 所示。

▲ 图 5-15　横移运镜的操作技巧

图 5-16 所示为在山顶拍摄的 Vlog 短视频,拍摄时拍摄者和镜头一起向右慢慢横移,拍下了山脉全景,画面显得非常平稳和壮观。

▲ 图 5-16　通过横移运镜拍摄平稳的山脉全景

5.6　展示主体所处环境特征的摇移运镜

摇移运镜主要是通过灵活变动拍摄角度来充分展示主体所处的环境特征,可以让观众在观看短视频时产生身临其境的视觉体验感。

摇移运镜是指保持机位不变,然后朝着不同的方向转动镜头,镜头运动方向可分为左右摇动、上下摇动、斜方向摇动和旋转摇动。摇移运镜的操作技巧如图 5-17 所示。

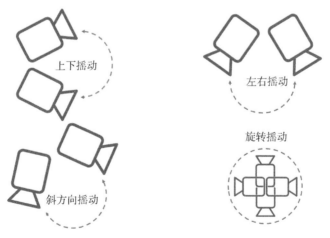

▲ 图 5-17　摇移运镜的操作技巧

摇移运镜就像是一个人站着不动,然后转动头部或身体,用眼睛向四周观看身边的环境。用户在使用摇移运镜手法拍摄视频时,可以借助手持稳定器来更加方便、稳定地调整镜头方向。

如图 5-18 所示，在拍摄这段视频时，机位和取景高度保持固定不变，镜头则从左向右摇动，拍摄山顶风车的全貌。需要注意的是，在快速摇动镜头的过程中，拍摄的视频画面也会变得很模糊。

▲ 图 5-18　摇移运镜拍摄示例

5.7　制造画面抖动效果的甩动运镜

甩动运镜也称为极速切换运镜，通常用于两个镜头切换时的画面，在第一个镜头即将结束时，通过向另一个方向甩动镜头，从而使镜头切换时的过渡画面产生强烈的模糊感，然后马上换到另一个场景继续拍摄。

甩动运镜同摇移运镜的操作技巧比较类似，只是速度比较快，是用的"甩"这个动作，而不是慢慢地摇镜头。甩动运镜的操作技巧如图 5-19 所示。

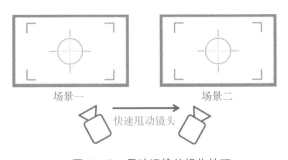

▲ 图 5-19　甩动运镜的操作技巧

如图 5-20 所示，在这段视频中的两个片段衔接处，就采用了甩动运镜方式来实现镜头画面的切换，可以让视频显得更有动感。在视频中可以非常明显地看到，镜头在快速甩动的过程中，画面也变得非常模糊。

▲ 图 5-20　甩动运镜的过程中画面会变得非常模糊

5.8　可以通过人物引出环境的跟随运镜

跟随运镜与前面介绍的横移运镜比较类似，只是在方向上更为灵活多变，拍摄时可以始终跟随人物前进，让主角一直处于镜头中，从而产生强烈的空间穿越感。

跟随运镜适用于拍摄人像类、旅行类、纪录片及宠物类等 Vlog 短视频题材，能够很好地强调内容主题。

使用跟随运镜拍摄短视频时，需要注意：镜头与人物之间的距离基本保持一致；重点拍摄人物的面部表情或肢体动作的变化；跟随的路径既可以是直线，也可以是曲线。跟随运镜的操作技巧如图 5-21 所示。

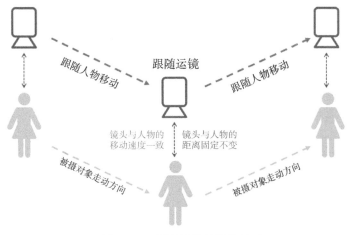

▲ 图 5-21　跟随运镜的操作技巧

图 5-22 所示为采用"跟随运镜"的方式拍摄小狗奔跑的画面，拍摄者在小狗的前方跟拍，可以看到小狗的面部表情及动作，十分灵活。

▲ 图 5-22　跟随运镜拍摄示例

5.9　给画面带来扩展感的升降运镜

升降运镜是指镜头的机位朝上下方向运动，从不同方向的视点来拍摄所要表达的场景。升降运镜适合拍摄气势宏伟的建筑物、高大的树木、雄伟壮观的高山，以及展示人物的局部细节。升降运镜的操作技巧如图 5-23 所示。

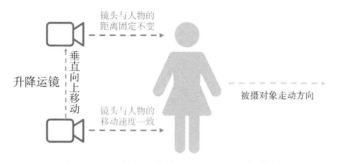

▲ 图 5-23　升降运镜（垂直升降）的操作技巧

使用升降运镜拍摄短视频时，需要注意以下几个事项。

·拍摄时可以切换不同的角度和方位来移动镜头，如垂直上下移动、上下弧线移动、上下斜向移动，以及不规则的升降方向。

·在画面中可以纳入一些前景元素，从而体现出空间的纵深感，让观众感觉主体对象更加高大。

图 5-24 所示为借助无人机拍摄的上升运镜效果画面，在拍摄过程中将镜头机位逐渐向上升高，这种从低处向高处的上升运镜方式能够扩大画面的取景范围。

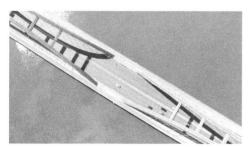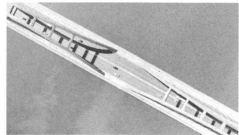

▲ 图 5-24　上升运镜拍摄示例

5.10　让画面变得更有张力的环绕运镜

环绕运镜即镜头绕着对象 360° 环拍，操作难度比较大，在拍摄时旋转的半径和速度要基本保持一致。环绕运镜的操作技巧如图 5-25 所示。

环绕运镜可以拍摄出对象周围 360° 的环境和空间特点，同时还可以配合其他运镜方式来增强画面的视觉冲击力。如果人物在拍摄时处于移动状态，则环绕运镜的操作难度会更大，用户可以借助手持稳定器设备来稳定镜头，让旋转过程更为平滑、稳定。

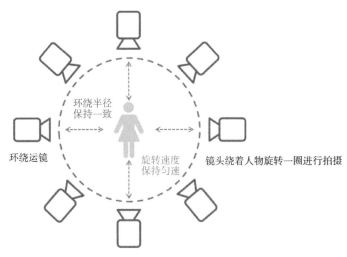

▲ 图 5-25　环绕运镜的操作技巧

图 5-26 所示为使用无人机的"兴趣点环绕"模式，拍出的环绕运镜效果，主体是画面中的铜像，无人机则围绕铜像进行拍摄。

▲ 图 5-26　环绕运镜拍摄示例

第 6 章

10 种 Vlog 视频剪辑方法

6.1 认识剪映 App 操作界面

在手机屏幕上点击剪映图标，打开剪映 App，如图 6-1 所示。进入剪映 App 主界面，点击"开始创作"按钮，如图 6-2 所示。

▲ 图 6-1 点击剪映图标　　　　▲ 图 6-2 点击"开始创作"按钮

进入"最近项目"界面，在其中选择相应的视频或照片素材，如图 6-3 所示。

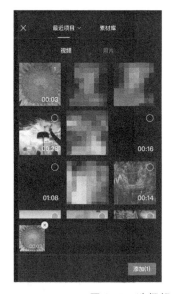

▲ 图 6-3 选择相应的视频或照片素材

点击"添加"按钮，即可成功导入相应的照片或视频素材，并进入编辑界面，其界面组成如图 6-4 所示。

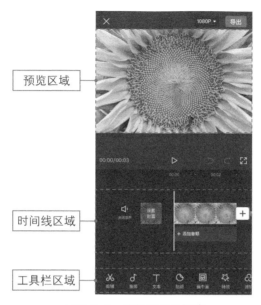

▲ 图 6-4　编辑界面的组成

预览区域左下角的时间表示当前时长和视频的总时长。点击预览区域右下角的■按钮，可全屏预览视频效果，点击▶按钮，即可播放视频，如图 6-5 所示。

▲ 图 6-5　全屏预览视频效果

用户在进行视频编辑操作后，可以点击预览区域右下角的撤回按钮↺，即可撤销上一步的操作。

6.2 导入需要的素材

在时间线区域的视频轨道上，点击右侧的 + 按钮，如图 6-6 所示。进入"最近项目"界面，在其中选择相应的视频或照片素材，如图 6-7 所示。

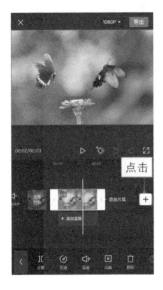

▲ 图 6-6 点击相应按钮

▲ 图 6-7 选择相应素材

点击"添加"按钮，即可在时间线区域的视频轨道上添加一个新的视频素材，如图 6-8 所示。

▲ 图 6-8 添加新的视频素材

除了以上导入素材的方法，用户还可以点击"开始创作"按钮，进入"最近项目"界面，在其中点击"素材库"按钮，如图 6-9 所示。进入该界面后，可以看到剪映素材库中内置了丰富的素材，向下滑动，可以看到有黑白场、新年氛围、插入动画、绿幕及蒸汽波等，如图 6-10 所示。

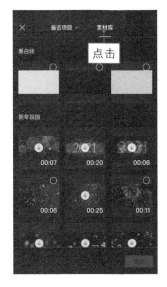

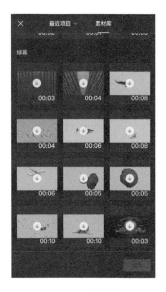

▲ 图 6-9　点击"素材库"按钮　　　　▲ 图 6-10　"素材库"界面

例如，用户想要在视频片头做一个片头进度条，❶ 选择片头进度条素材片段；❷ 点击"添加"按钮；❸ 即可把素材添加到视频轨道中，如图 6-11 所示。

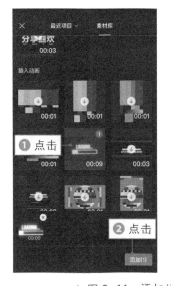

▲ 图 6-11　添加片头进度条素材片段

6.3 缩放视频的轨道

在时间线区域中，有一根白色的垂直线条，称为时间轴，上面为时间刻度，可以在时间线上任意滑动视频。在时间线上可以看到视频轨道和音频轨道，还可以添加文本轨道，如图 6-12 所示。

▲ 图 6-12 时间线区域

用双指在视频轨道捏合，可以缩放时间线的大小，如图 6-13 所示。

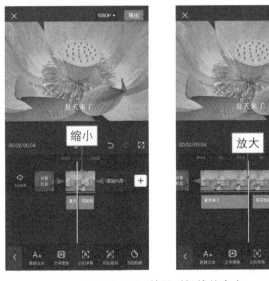

▲ 图 6-13 缩放时间线的大小

6.4 认识工具的区域

在底部的工具栏区域中，不进行任何操作时，可以看到一级工具栏，其中有剪辑、音频及文本等功能，如图 6-14 所示。

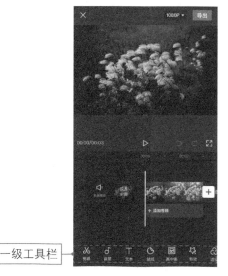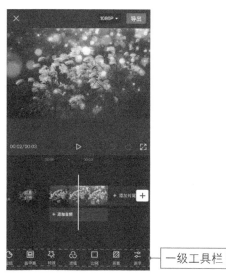

▲ 图 6-14 一级工具栏

例如，点击"剪辑"按钮，可以进入"剪辑"二级工具栏，如图 6-15 所示。点击"音频"按钮，可以进入"音频"二级工具栏，如图 6-16 所示。

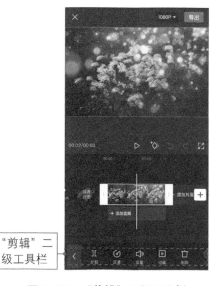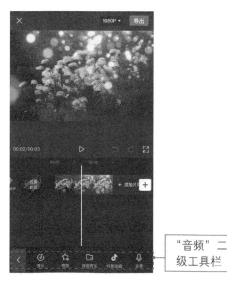

▲ 图 6-15 "剪辑"二级工具栏　　　　▲ 图 6-16 "音频"二级工具栏

6.5 导出选择分享路径

用户将视频剪辑完成后，点击右上角的"导出"按钮，如图6-17所示。在导出视频之前，用户还需对视频的分辨率及帧率进行设置，设置好后，再次点击"导出"按钮，如图6-18所示。

在导出视频的过程中，用户不可以锁屏或者切换程序，如图6-19所示。导出完成后，可以选择点击"抖音"按钮并选择"同步到西瓜视频"复选框，即可同时分享到抖音平台

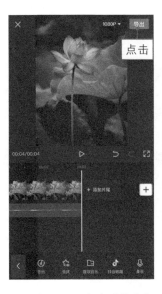 

▲ 图 6-17 点击"导出"按钮　　▲ 图 6-18 再次点击"导出"按钮

和西瓜视频平台，也可单独点击"西瓜视频"按钮，只分享到西瓜视频平台。点击"完成"按钮，结束此次剪辑，如图6-20所示。

▲ 图 6-19 导出视频过程中　　▲ 图 6-20 点击"完成"按钮

6.6 视频的基本剪辑

基础剪辑包括对视频进行分割、变速及删除等操作。下面介绍使用剪映App 对 Vlog 短视频进行基本剪辑处理的操作方法。

步骤01 在剪映 App 中导入一个视频素材，点击左下角的"剪辑"按钮，如图 6-21 所示。

步骤02 执行操作后，进入视频剪辑界面，如图 6-22 所示。

步骤03 移动时间轴至两个片段的相交处，点击"分割"按钮，即可分割视频，如图 6-23 所示。

▲ 图 6-21　点击"剪辑"按钮　　▲ 图 6-22　进入视频剪辑界面

步骤04 点击"变速"按钮，可以在"变速"界面中调整视频的播放速度，如图 6-24 所示。

▲ 图 6-23　分割视频　　▲ 图 6-24　"变速"界面

步骤 05 移动时间轴，❶ 选择视频的片尾；❷ 点击"删除"按钮，如图 6-25 所示。

步骤 06 执行操作后，即可删除片尾，如图 6-26 所示。

▲ 图 6-25　点击"删除"按钮

▲ 图 6-26　删除片尾

步骤 07 在剪辑界面中点击"编辑"按钮，可以对视频进行旋转、镜像及裁剪等编辑处理，如图 6-27 所示。

步骤 08 在剪辑界面中点击"复制"按钮，可以快速复制选择的视频片段，如图 6-28 所示。

▲ 图 6-27　视频编辑功能

▲ 图 6-28　复制选择的视频片段

步骤 09 在剪辑界面中点击"倒放"按钮,系统会对所选择的视频片段进行倒放处理,并显示处理进度,如图 6-29 所示。

步骤 10 稍等片刻,即可倒放所选视频,如图 6-30 所示。

▲ 图 6-29 显示倒放处理进度

▲ 图 6-30 倒放所选视频

步骤 11 用户还可以在剪辑界面点击"定格"按钮,如图 6-31 所示。

步骤 12 执行操作后,使用双指放大时间轴中的画面片段,即可延长该片段的持续时间,实现定格效果,如图 6-32 所示。

▲ 图 6-31 点击"定格"按钮

▲ 图 6-32 实现定格效果

步骤 13 点击右上角的"导出"按钮，即可导出视频，效果如图 6-33 所示。

▲ 图 6-33　导出并预览视频

6.7　素材的替换

当导出的视频画面不衔接时，就需要替换成更加合适的视频素材。下面介绍使用剪映 App 替换素材的具体操作方法。

步骤 01 打开剪辑好的 Vlog 短视频文件，向左滑动视频轨道，找到需要替换的视频片段，点击该片段，如图 6-34 所示。

步骤 02 在下方的工具栏中向左滑动，找到并点击"替换"按钮，如图 6-35 所示。

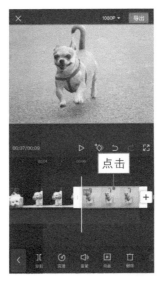

▲ 图 6-34　点击需要替换的
　　　　　　视频

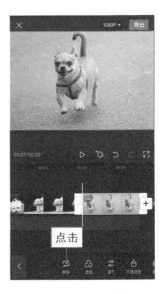

▲ 图 6-35　点击"替换"
　　　　　　按钮

步骤 03 进入"最近项目"界面，选择想要替换的素材，如图 6-36 所示。

步骤 04 替换成功后，在视频轨道上将显示替换后的视频素材，如图 6-37 所示。

▲ 图 6-36　选择想要替换的素材

▲ 图 6-37　显示替换成功的视频素材

6.8　美颜改变人物面容

导入一段视频素材，选中该视频轨道，在下方的工具栏中找到并点击"美颜"按钮，如图 6-38 所示。进入"美颜"界面后，可以看到有"磨皮"和"瘦脸"两个选项，如图 6-39 所示。

▲ 图 6-38　点击"美颜"按钮

▲ 图 6-39　"美颜"界面

当"磨皮"图标 🔴 显示红色时，表示目前正处于磨皮状态，拖曳白色圆圈滑块，即可调整"磨皮"的强弱，如图 6-40 所示。

▲ 图 6-40　调整"磨皮"强弱

点击"瘦脸"图标 \/ 切换至该功能上，拖曳白色圆圈滑块，即可调整"瘦脸"的强弱，如图 6-41 所示。

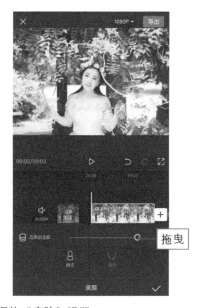

▲ 图 6-41　调整"瘦脸"强弱

6.9 精确剪辑到每一帧

在剪映 App 中导入 3 个视频素材，如图 6-42 所示。如果导入的素材位置不合适，用户在视频轨道上选中并长按需要更换位置的素材，所有素材便会变成小方块，如图 6-43 所示。

▲ 图 6-42 导入视频片段

▲ 图 6-43 长按素材

变成小方块后，即可将视频素材移动到合适的位置，如图 6-44 所示。移动到合适的位置后，松开手指即可成功调整素材位置，如图 6-45 所示。

▲ 图 6-44 移动素材位置

▲ 图 6-45 调整素材位置

　　如果想要对视频进行更加精细的剪辑，只需放大时间线，如图 6-46 所示。在时间刻度上，用户可以看到显示最高剪辑精度为 5 帧画面，如图 6-47 所示。

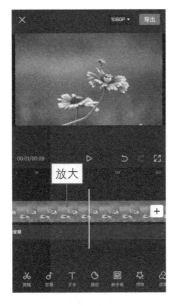
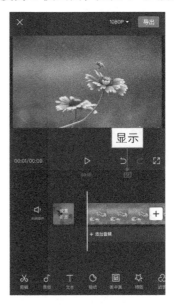

▲ 图 6-46　放大时间线　　　　　▲ 图 6-47　显示最高剪辑精度

　　虽然时间刻度上显示最高的精度是 5 帧画面，大于 5 帧的画面可进行分割，但用户也可以在大于 2 帧小于 5 帧的位置进行分割，如图 6-48 所示。

▲ 图 6-48　大于 5 帧的分割（左）和大于 2 帧小于 5 帧的分割（右）

6.10 制作画面运动效果

添加关键帧可以实现对画面的控制或者对动画的控制。下面介绍使用剪映 App 添加关键帧制作运动效果的具体操作方法。

步骤01 在剪映 App 中，点击"开始创作"按钮，导入一段视频素材，点击"画中画"按钮，如图 6-49 所示。

步骤02 在下方的"画中画"二级工具栏中，点击"新增画中画"按钮，如图 6-50 所示。

步骤03 进入"最近项目"界面，选择添加一段视频素材，点击下方工具栏中的"混合模式"按钮，如图 6-51 所示。

步骤04 执行操作后，向左滑动菜单，找到并选择"变亮"效果，如图 6-52 所示。

▲ 图 6-49 点击"画中画"按钮　▲ 图 6-50 点击"新增画中画"按钮

▲ 图 6-51 点击"混合模式"按钮

▲ 图 6-52 选择"变亮"效果

81

步骤05 点击✅按钮，即可应用"混合模式"效果，调整素材大小并移动到合适位置，如图 6-53 所示。

步骤06 点击时间线区域右上方的◇按钮，视频轨道上会显示一个红色的菱形标志◆，表示成功添加一个关键帧，如图 6-54 所示。

▲ 图 6-53　调整素材大小和位置　　　　▲ 图 6-54　添加关键帧

步骤07 执行操作后，拖曳一下时间轴，对素材的位置及大小进行改变，将自动生成新的关键帧。重复多次操作，制作素材的运动效果，如图 6-55 所示。

▲ 图 6-55　制作素材的运动效果

步骤 08 点击右上角的"导出"按钮，即可导出视频，效果如图 6-56 所示。

▲ 图 6-56 导出并预览视频

★专家指点★

　　需要注意的是，在制作画面运动效果时，选取的画中画素材背景要尽量简洁并能凸显主体，否则会很难达到预想效果。

第 7 章

6 个字幕音频剪辑技巧

7.1 自动识别歌词

在抖音上刷 Vlog 短视频时，常常可以看到很多 Vlog 短视频中都添加了字幕效果，或用于歌词，或用于语音解说，这些字幕能够更好地表达 Vlog 短视频的主题和内容。

剪映 App 中拥有很多自动添加文字的功能，如识别歌词。通过这些功能可以自动将语音转化为文字，而且准确率非常高，能够帮助用户快速识别并添加与视频时间相对应的字幕轨道，提升制作 Vlog 短视频的效率。剪映 App 能够自动识别 Vlog 短视频中的歌词内容，可以非常方便地为背景音乐添加动态歌词效果。下面介绍具体的操作方法。

步骤 01 在剪映 App 中导入一个视频素材，点击底部工具栏中的"文本"按钮，如图 7-1 所示。

步骤 02 进入文本编辑界面，点击"识别歌词"按钮，如图 7-2 所示。

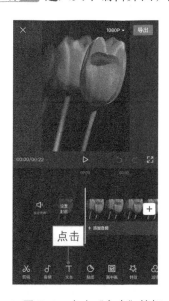
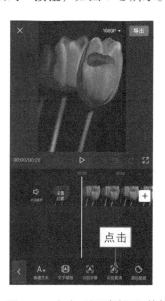

▲ 图 7-1 点击"文本"按钮　　▲ 图 7-2 点击"识别歌词"按钮

步骤 03 执行操作后，弹出"识别歌词"对话框，点击"开始识别"按钮，如图 7-3 所示。

步骤 04 执行操作后，软件开始自动识别 Vlog 短视频背景音乐中的歌词内容，如图 7-4 所示。

步骤 05 稍等片刻，即可完成歌词识别，并自动生成歌词轨道，如图 7-5 所示。

 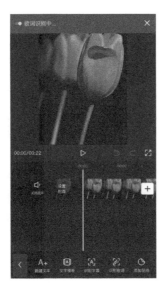 

▲ 图 7-3　点击"开始识别"　　▲ 图 7-4　开始识别歌词　　▲ 图 7-5　生成歌词轨道
　　　　　 按钮

步骤 06 拖曳时间轴，可以查看歌词效果。选中相应的歌词，点击"样式"按钮，如图 7-6 所示。

步骤 07 切换至"动画"选项卡，为歌词添加一个"卡拉 OK"的入场动画效果，如图 7-7 所示。

步骤 08 用同样的操作方法，为其他歌词添加动画效果，如图 7-8 所示。

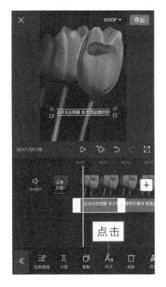 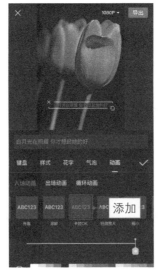 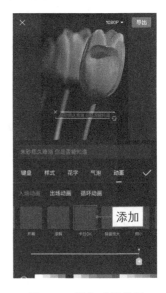

▲ 图 7-6　点击"样式"按钮　　▲ 图 7-7　设置入场动画效果　　▲ 图 7-8　添加动画效果

步骤 09 点击"导出"按钮，导出并播放预览视频，效果如图 7-9 所示。

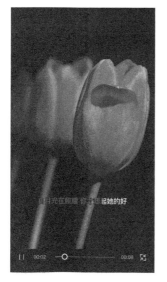 

▲ 图 7-9　预览视频效果

7.2　手动输入字幕

剪映 App 除了能够自动识别歌词或者字幕，用户还可以使用它给自己拍摄的 Vlog 短视频添加合适的文字内容。下面介绍具体的操作方法。

步骤 01　在剪映 App 中导入一个视频素材，点击"文本"按钮，如图 7-10 所示。

步骤 02　进入文本编辑界面，点击"新建文本"按钮，如图 7-11 所示。

▲ 图 7-10　点击"文本"　　　▲ 图 7-11　点击"新建文本"
　　　　　按钮　　　　　　　　　　　　　按钮

步骤 03 在文本框中输入符合 Vlog 短视频主题的文字内容，如图 7-12 所示。

步骤 04 点击右下角的 ✓ 按钮确认，即可添加文本轨道。在预览区域中按住文字素材并拖曳，即可调整文字的位置和大小，如图 7-13 所示。

步骤 05 在时间线区域中拖曳文本轨道两侧的白色拉杆，即可调整文字的出现时间和持续时长，如图 7-14 所示。

▲ 图 7-12 输入文字　　▲ 图 7-13 调整文字的位置和大小

步骤 06 点击文字右上角的 ✏ 按钮，进入"样式"界面，选择相应的字体，如"宋体"，效果如图 7-15 所示。

▲ 图 7-14 剪辑文本轨道　　▲ 图 7-15 更改字体效果

步骤 07 字体下方为描边样式，用户可以选择相应的样式模板，快速为文字应用描边效果，如图 7-16 所示。

步骤 08 选择底部的"描边"标签,切换至该选项卡,在其中也可以设置描边的颜色和粗细度参数,如图 7-17 所示。

▲ 图 7-16　应用描边效果　　　　　▲ 图 7-17　设置描边效果

步骤 09 切换至"阴影"或者"排列"选项卡,在这两个选项卡中可以设置文字阴影的颜色和透明度,以及文字的排列方式和字间距,如图 7-18 所示。

设置阴影效果　　　　　　　　　　　设置排列方式

▲ 图 7-18　设置其他效果

步骤10 点击右上角的"导出"按钮，导出视频后即可预览文字效果，如图 7-19 所示。

▲ 图 7-19　预览文字效果

7.3　添加有趣花字

用户在给 Vlog 短视频添加标题时，可以使用剪映 App 的"花字"功能来制作，下面介绍具体的操作方法。

步骤01 在剪映 App 中导入一个视频素材，点击左下角的"文本"按钮，如图 7-20 所示。

步骤02 进入文本编辑界面，点击"新建文本"按钮，在文本框中输入符合 Vlog 短视频主题的文字内容，如图 7-21 所示。

▲ 图 7-20　点击"文本"按钮

▲ 图 7-21　输入文字

步骤03 在预览区域中按住文字素材并拖曳，调整文字的位置，并设置相应的字体和排列方式，如图 7-22 所示。

步骤04 切换至"花字"选项卡，在其中选择一个合适的"花字"样式效果，如图 7-23 所示。

步骤05 适当调整文字的大小，点击右下角的 ☑ 按钮确认，即可添加"花字"文本。点击"导出"按钮导出视频文件，预览视频效果，如图 7-24 所示。

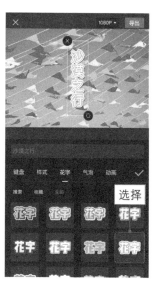

▲ 图 7-22 设置字体和排列方式

▲ 图 7-23 选择"花字"样式

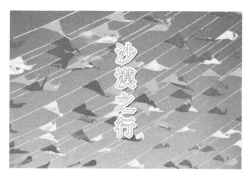

▲ 图 7-24 预览视频效果

7.4 添加曲库音乐

在剪映 App 中，添加背景音乐的方法非常多，用户既可以添加曲库中的歌曲，也可以上传本地音频，同时还可以将文字转为语音和提取其他视频中的音乐。

1. 添加抖音收藏背景音乐

在抖音收藏的好听歌曲，也可以用到自己的 Vlog 短视频中。下面介绍使用剪映 App 为 Vlog 短视频添加抖音收藏背景音乐的操作方法。

步骤01 在剪映 App 中导入视频素材，点击"添加音频"按钮，如图 7-25 所示。

步骤02 进入音频编辑界面，点击"音乐"按钮，如图 7-26 所示。

▲ 图 7-25 点击"添加音频"按钮

▲ 图 7-26 点击"音乐"按钮

步骤03 进入"添加音乐"界面，❶ 切换至"抖音收藏"选项卡；❷ 在下方的列表框中选择相应的音频素材；❸ 点击"使用"按钮，如图 7-27 所示。

步骤04 执行操作后，即可添加相应的背景音乐，如图 7-28 所示。

▲ 图 7-27 选择收藏的音乐

▲ 图 7-28 添加背景音乐

2. 自动将文字转为语音

剪映 App 的"文本朗读"功能能够自动将 Vlog 短视频中的文字内容转化为语音，提升观众的观看体验。下面介绍将文字转为语音的操作方法。

步骤 01 在剪映 App 中打开一个草稿视频，进入文本编辑界面，如图 7-29 所示。

步骤 02 ❶ 选择相应的文本轨道；❷ 点击"文本朗读"按钮，如图 7-30 所示。

步骤 03 执行操作后，弹出"动漫小新""萌娃""小姐姐" 3 种语音风格选项，选择一种语音并点击✔按钮后，系统开始自动识别和转化文字为语音，如图 7-31 所示。

步骤 04 稍等片刻，即可识别成功。此时歌词轨道的上方出现了一条蓝色的线

▲ 图 7-29 进入文本编辑　　▲ 图 7-30 点击"文本朗界面　　　　　　　　　　读"按钮

条，说明自动添加了音频轨道，如图 7-32 所示。

▲ 图 7-31 识别文本　　　　▲ 图 7-32 添加音频轨道

3. 一键提取视频中的音乐

如果想要提取某个视频中的音频文件，可以使用剪映 App 的一键提取功能。下面介绍使用剪映 App 一键提取视频中背景音乐的操作方法。

步骤 01 在剪映 App 中导入视频素材，点击底部的"音频"按钮，如图 7-33 所示。

步骤 02 进入音频编辑界面，点击"提取音乐"按钮，如图 7-34 所示。

步骤 03 进入"视频"界面，❶ 选择要提取背景音乐的视频文件；❷ 点击"仅导入视频的声音"按钮，如图 7-35 所示。

步骤 04 执行操作后，即可提取并导入视频中的音乐文件，如图 7-36 所示。

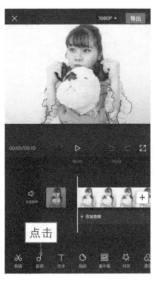

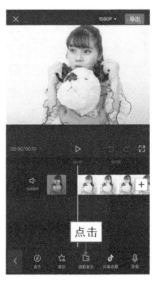

▲ 图 7-33　点击"音频"按钮

▲ 图 7-34　点击"提取音乐"按钮

▲ 图 7-35　选择相应视频文件

▲ 图 7-36　提取并导入音乐文件

7.5 剪辑完美音频

剪掉多余的音频文件可以使 Vlog 短视频更加精简。下面介绍使用剪映 App 剪辑音频素材的基本操作方法。

步骤 01 在剪映 App 中导入一个视频素材，并添加相应的背景音乐，向右拖曳音频轨道左端的白色拉杆，即可裁剪音频，如图 7-37 所示。

步骤 02 按住音频轨道向左拖曳至时间线的起始位置处，完成音频的裁剪操作，如图 7-38 所示。

▲ 图 7-37 裁剪音频素材　▲ 图 7-38 调整音频位置

步骤 03 ❶ 拖曳时间轴，将其移至视频的结尾处；❷ 选择音频轨道；❸ 点击"分割"按钮；❹ 即可分割音频，如图 7-39 所示。

步骤 04 ❶ 选择第二段音频；❷ 点击"删除"按钮，删除多余的音频，如图 7-40 所示。

▲ 图 7-39 分割音频　　　　▲ 图 7-40 删除多余的音频

步骤 05 选择相应的
音频轨道，调出音频剪
辑工具栏，点击底部的
"淡化"按钮，如图 7-41
所示。

步骤 06 进入"淡化"
编辑界面，设置"淡入时
长"参数，如图 7-42 所示。

步骤 07 拖曳白色的
圆环滑块，设置"淡出时
长"参数，如图 7-43 所示。

步骤 08 点击 ✓ 按
钮，即可为音频添加淡入
淡出效果，如图 7-44 所
示。设置音频淡入淡出效

▲ 图 7-41　点击"淡化"
按钮

▲ 图 7-42　设置"淡入时长"
参数

果后，可以让 Vlog 短视频的背景音乐显得不那么突兀，给观众带来更加舒适的
视听感。

▲ 图 7-43　设置"淡出时长"参数

▲ 图 7-44　添加淡入淡出效果

步骤 09 如果视频的拍摄环境比较嘈杂，噪音比较大，可以在后期使用剪
映 App 来消除短视频中的噪音。选择视频轨道，点击"降噪"按钮，如图 7-45
所示。

步骤10 执行操作后，打开"降噪"菜单，如图 7-46 所示。开启"降噪开关"功能，系统会自动进行降噪处理。

▲ 图 7-45　点击"降噪"按钮　　　　　▲ 图 7-46　"降噪"菜单

步骤11 选择音频轨道后，点击底部的"变速"按钮，打开相应的菜单，拖曳红色圆环滑块，即可调整声音变速参数，如图 7-47 所示。

步骤12 点击✓按钮，可以看到经过变速处理后的音频文件的持续时间明显变短了，同时还会显示变速倍速，如图 7-48 所示。

▲ 7-47　调整声音变速参数　　　　　▲ 图 7-48　变速处理音频素材

7.6 添加情景音效

剪映 App 中提供了很多有趣的音频特效，用户可以根据 Vlog 短视频的情境来添加音效，如综艺、笑声、机械、BGM（Background Music，背景音乐）、人声、转场、游戏、手机、美食、环境音、动物、交通及悬疑等，如图 7-49 所示。

例如，在展现海鸥飞舞的 Vlog 短视频中，可以选择"动物"选项卡下的"海鸥的叫声"音效，❶ 点击

▲ 图 7-49 剪映 App 中的音效

"使用"按钮；❷ 即可添加相应的音效轨道，如图 7-50 所示。

▲ 图 7-50 添加音效

第 8 章

4 个 Vlog 的重点内容设计

8.1 设计 Vlog 的开头片段

Vlog 视频的开头有多种形式，最常见的为直接开头法和字幕开头法两种。下面主要针对这两种 Vlog 的开头形式进行相关讲解。

1. 直接开头法

Vlog 视频的直接开头法非常简单易懂，就是在一开始就播放视频的主题内容，不拖泥带水，很直接地进入正题。

比如，要拍摄一个教大家如何拍出港风照片的 Vlog 短视频，开头没有什么语言描述，而是直接在开头放出一组拍摄效果图，非常直白。这样做的优点就在于先吸引观众的兴趣，从而让他们继续观看下去，如图 8-1 所示。

▲ 图 8-1　直接开头法的 Vlog 视频

2. 字幕开头法

字幕开头法就是在 Vlog 视频的片头加上字幕，利用语言文字的魅力引导观众进入某种状态。

图 8-2 所示为笔者拍摄的多段风光 Vlog 短视频，将其剪辑到了一个完整的视频中。加上字幕标题后显得高级感十足，视频的主题也更加明确，每一个景点都有相应的字幕解说，可以帮助读者更好地理解 Vlog 短视频的内容。

▲ 图 8-2　字幕开头法的 Vlog 视频

8.2　设计 Vlog 的主题内容

　　如果所创作的 Vlog 只是拍一些起床、刷牙、吃早餐或者逛街等场景，这类没有主题的日常 Vlog 很难吸引人，很少有人喜欢看，除非颜值特别高。下面介绍两个拍摄主题的效果展示。

1. 生活纪实拍摄

　　有时一场有意义的旅行会让人们牢记一辈子，付出时间和努力的事情总会变得特别有意义。比如在旅途中想给心爱的人准备惊喜，来一次海边浪漫求婚就是一个不错的选择，如图 8-3 所示。

▲ 图 8-3

▲ 图 8-3　海边浪漫求婚 Vlog 短视频

2. 萌宠日常拍摄

拍摄一段萌宠陪伴的 Vlog 短视频，记录快乐时光。图 8-4 所示为笔者在猫咖所拍摄的 Vlog，可以看出画面中的 3 只小奶猫特别可爱，这样的主题也十分受观众喜爱。

▲ 图 8-4　萌宠陪伴的 Vlog 视频

8.3　设计 Vlog 的结尾片段

Vlog 的结尾非常重要，合理地利用好结尾，可以给观众留下深刻的印象，还能引导他们下次再来观看你创作的 Vlog 视频，这样粉丝就会慢慢地聚集起来了。
本节主要介绍两种常用的 Vlog 结尾类型，一种是以互动结尾，另一种是以抽奖
式结尾。

1. 互动结尾

　　互动结尾看上去更加贴近生活，与观众沟通进而得到一些有建议性的评论，
是对双方都比较有利的一种结尾方式。作者提出问题，观众在评论区留言，那么
作者下次拍摄的主题就是大部分观众所期待看到的内容了。图 8-5 所示为作者在
视频的结尾处进行提问。

▲ 图 8-5　提问式结尾

2. 抽奖式结尾

还有一些 Vlog 短视频的结尾会设计一些抽奖的福利，送给观众和粉丝，如图 8-6 所示。这样做的好处是提升粉丝的好感度与黏性，让他们喜欢看你的 Vlog 短视频，并且会关注你下次什么时候再发 Vlog 短视频，同时也能提升 Vlog 的完播率。

▲ 图 8-6　抽奖福利式结尾

8.4　设计 Vlog 的封面效果

如今是视频时代，大部分人打开手机看得最多的就是 Vlog 短视频，在成千上万个视频中，如何吸引观众的注意力？视频的封面是观众对你的第一印象，直接决定了他对你是否感兴趣，决定了他要不要打开你的 Vlog 作品。

而黄油相机 App 刚好符合这类需求，其功能十分强大，尤其是将"照片加字"这方面做到了极致。下面主要介绍使用黄油相机制作视频封面效果的操作方法。

1. 裁剪照片的尺寸

在设计封面时，尺寸一定要符合平台的规则。下面以抖音平台为例，该平台适合的封面尺寸为 9 : 16，在黄油相机中将照片裁剪成 9 : 16 尺寸，具体操作步骤如下。

步骤 01 打开"黄油相机"App，并点击主界面下方的"选择照片"按钮，如图 8-7 所示。

步骤 02 打开手机相册，在其中选择需要导入的照片素材，这里选择一张人像照片，如图 8-8 所示。

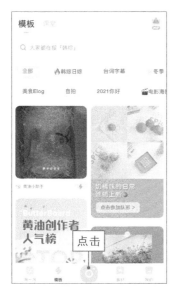

▲ 图 8-7 点击"选择照片"按钮

▲ 图 8-8 选择照片素材

步骤 03 执行操作后，进入照片编辑界面，❶ 在下方点击"布局"按钮；❷ 在展开的面板中点击"画布比"按钮，如图 8-9 所示。

步骤 04 打开相应的面板，其中提供了多种照片的裁剪尺寸和比例，❶ 这里点击 9 : 16 的裁剪尺寸，此时照片被裁剪成 9 : 16 的尺寸，在预览窗口中调整照片的裁剪区域；❷ 点击右下角的"确认"按钮，确认照片的裁剪操作，如图 8-10 所示。

▲ 图 8-9　点击"画布比"按钮

▲ 图 8-10　调整照片的裁剪区域

步骤05 返回相应的界面，点击右上角的"去保存"按钮，如图 8-11 所示。

步骤06 进入相应的界面，点击下方的"保存到相册"按钮 ⬆，如图 8-12 所示，即可保存裁剪后的封面效果。

▲ 图 8-11　点击"去保存"按钮

▲ 图 8-12　点击"保存到相册"按钮

2. 制作醒目的标题文字

黄油相机的文字编辑功能非常强大，包含非常多的字体类型。下面介绍使用黄油相机为封面添加标题文字的操作方法。

步骤 01 在"黄油相机"App 界面中,点击下方的"加字"按钮 **T**,如图 8-13 所示。

步骤 02 打开相应的面板,点击"新文本"按钮 **T**,如图 8-14 所示。

▲ 图 8-13 点击"加字"按钮

▲ 图 8-14 点击"新文本"按钮

步骤 03 执行操作后,进入文本编辑界面,如图 8-15 所示。

步骤 04 ❶ 双击预览窗口中的文本框;❷ 输入相应的标题内容;❸ 点击右下角的"确认"按钮 ✓,如图 8-16 所示。

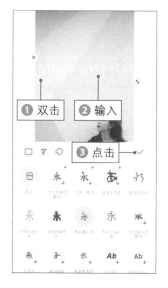

▲ 图 8-15 进入文本编辑界面

▲ 图 8-16 点击"确认"按钮

步骤 05 确认标题输入操作后，点击相应的字体，更改封面标题的字体样式，如图 8-17 所示。

步骤 06 切换至格式设置面板，点击"描边"按钮Ⓐ，给文字添加红色的描边效果，使标题文字更加醒目，如图 8-18 所示。

步骤 07 ❶ 点击"背景"按钮Ⓐ，可以给标题加一个白色背景，这样标题文字会更显眼；❷ 点击右下角的"确认"按钮√，即可确认文本的格式设置，如图 8-19 所示。

步骤 08 返回相应的界面，点击右上角的"去保存"按钮，如图 8-20 所示。进入相应的界面，点击"保存"按钮，对封面效果进行保存操作即可。

▲ 图 8-17 更改标题字体样式

▲ 图 8-18 加上红色描边效果

▲ 图 8-19 点击"确认"按钮

▲ 图 8-20 点击"去保存"按钮

3. 使用贴纸装饰封面效果

黄油相机中的贴纸功能也十分好用，加入适合的贴纸会让封面变得更加丰富。下面介绍将贴纸效果应用在封面中的操作方法。

步骤 01 点击"贴纸"面板中的"添加"按钮 △，如图 8-21 所示。

步骤 02 打开相应的面板，其中提供了多种不同的贴纸类型，如图 8-22 所示。

步骤 03 选择一种箭头贴纸，如图 8-23 所示。

▲ 图 8-21 点击"添加"按钮

▲ 图 8-22 打开相应面板

步骤 04 将该贴纸移至封面的合适位置，即可添加贴纸，效果如图 8-24 所示。

▲ 图 8-23 选择箭头贴纸

▲ 图 8-24 添加贴纸效果

步骤 05 最后点击"确认"按钮 ✓ ，并保存到相册中，前后效果对比如图 8-25 所示。

原图   效果图

▲ 图 8-25　使用贴纸前后效果对比

第 9 章

4 个 Vlog 平台引流方式

9.1 使用社交平台多方位推广

社交平台作为 Vlog 短视频传播过程中必不可少的关键要素之一，一直是推动 Vlog 短视频行业发展和内容推广引流的重要平台。

在社交平台上，运营者进行 Vlog 短视频传播和推广时可选择的平台和渠道是多样化的，包含拥有巨大用户基础的微信、QQ 和微博等平台。本节主要针对用户比较普遍的微信平台来对 Vlog 短视频推广进行介绍，以便帮助运营者实现维护好友关系与利用 Vlog 短视频引流二者兼得的目标。

1. 朋友圈

朋友圈平台对于 Vlog 短视频运营者来说，它虽然一次传播的范围较小，但是从对接收者的影响程度而言，确实具有其他一些平台无法比拟的优势，如图 9-1 所示。

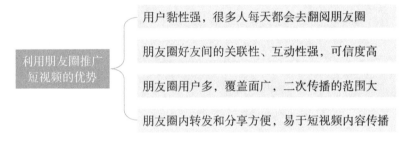

▲ 图 9-1 利用朋友圈推广 Vlog 短视频的优势分析

那么，在朋友圈中进行 Vlog 短视频推广，需要重点关注 3 个方面，具体分析如下。

①运营者在拍摄视频时要注意开始拍摄时画面的美观性。因为推送给朋友的视频是不能自主设置封面的，它显示的就是开始拍摄时的画面。当然，运营者也可以通过视频剪辑的方式保证推送视频"封面"的美观度。

②运营者在推广 Vlog 短视频时要做好文字描述。因为一般来说，呈现在朋友圈中的视频，好友看到的第一眼就是其"封面"，没有太多信息能让受众了解该视频内容。因此，在发布 Vlog 短视频之前，要把重要的信息放上去，如图 9-2 所示。这样设置，一来有助于大家了解视频；二来设置得好，可以吸引大家点击播放。

③运营者推广 Vlog 短视频时要利用好朋友圈的评论功能。朋友圈中的文本如果字数太多，是会被折叠起来的，为了完整展示信息，运营者可以将重要信息

放在评论里进行展示，如图 9-3 所示。这样就会让浏览朋友圈的人看到推送的有效文本信息，这也是一种比较明智的推广 Vlog 短视频的方法。

2. 微信公众号

微信公众号，从某一方面来说，就是由个人、企业等主体进行信息发布并通过运营来提升知名度和品牌形象的平台。运营者如果要选择一个用户基数大的平

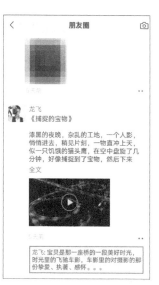

▲ 图 9-2 做好重要信息的文字表述

▲ 图 9-3 利用好朋友圈的评论功能

台来推广 Vlog 短视频内容，并且期待通过长期的内容积累构建自己的品牌，那么微信公众号是一个理想的传播平台。通过微信公众号来推广，除了对品牌形象的构建有较大的促进作用，还有一个非常重要的优势，那就是微信公众号推广内容的多样性。

在微信公众号上，运营者如果想要进行 Vlog 短视频的推广，可以采用多种方式来实现。然而，使用最多的有两种，即"标题 + 视频"形式和"标题 + 文本 + 视频"形式。图 9-4 所示为微信公众号推广 Vlog 短视频的案例。

然而无论采用哪一种形式，都能清楚地说明 Vlog 短视频内容和主题思想的推广方式。在进行 Vlog 短视频推广时，并

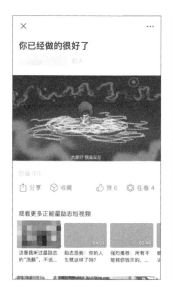

▲ 图 9-4 微信公众号推广 Vlog 短视频案例

不局限于某一个 Vlog 短视频的推广，如果运营者打造的是有着相同主题的 Vlog 短视频系列，还可以把视频组合在一篇文章中联合推广，这样更有助于受众了解 Vlog 短视频及其推广主题。

9.2　使用资讯平台获取百万粉丝

在当前这个信息爆炸化、生活节奏加快化的时代，想要充分利用人们的碎片化时间进行信息传递，利用资讯平台来推广视频是一个比较理想的渠道。资讯平台上的视频依靠传播快速的特点，带动庞大的流量，从而使得推广效果更上一层楼。

本节就以今日头条和一点资讯为例介绍如何进行 Vlog 短视频的推广运营，从而最大化地占据用户的碎片化时间，轻松获取百万粉丝。

1. 今日头条

今日头条是用户最为广泛的新媒体运营平台之一，因其运营推广的效果不可忽视，所以，众多运营者都争着注册今日头条来推广运营自己的各类视频内容。

众所周知，抖音短视频、西瓜视频和抖音火山版这 3 个各有特色的视频平台共同组成了今日头条的视频矩阵，同时也汇聚了我国优质的视频流量。正是基于这 3 个平台的发展状况，今日头条这一资讯平台也成为推广 Vlog 视频的重要阵地。图 9-5 所示为今日头条的视频矩阵介绍。

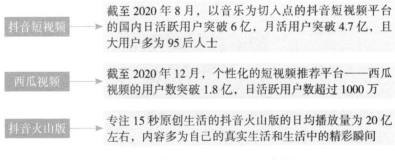

▲ 图 9-5　今日头条的短视频矩阵介绍

在拥有多个视频入口的今日头条上推广 Vlog 短视频，运营者为了提升宣传推广效果，应该基于今日头条的特点掌握一定的技巧。

（1）从热点和关键词上提升推荐量

今日头条的推荐量是由智能推荐引擎机制决定的，一般含有热点的 Vlog 短视频会优先获得推荐，且热点、时效性越高，推荐量越高，具有十分鲜明的个性化，而这种个性化推荐决定着 Vlog 短视频的位置和播放量。因此，运营者要寻找平台上的热点和关键词，提高 Vlog 短视频的推荐量，具体分析如图 9-6 所示。

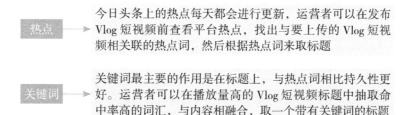

热点 → 今日头条上的热点每天都会进行更新，运营者可以在发布 Vlog 短视频前查看平台热点，找出与要上传的 Vlog 短视频相关联的热点词，然后根据热点词来取标题

关键词 → 关键词最主要的作用是在标题上，与热点词相比持久性更好。运营者可以在播放量高的 Vlog 短视频标题中抽取命中率高的词汇，与内容相融合，取一个带有关键词的标题

▲ 图 9-6　寻找热点和关键词提升短视频推荐量

（2）做有品质的标题高手实现

上文已经多次提及了标题，可见标题是影响 Vlog 短视频推荐量和播放量最重要的一个因素。一个好的标题得到的引流效果是无可限量的。因为标题党居多，所以标题除了要抓人眼球，还要表现出十足的品质感，做一个有品质的取名高手。

2. 一点资讯

相较于今日头条，一点资讯平台虽然没有那么多入口供 Vlog 短视频运营进行推广，但是该平台上也提供了上传和发表 Vlog 短视频的途径。

进入"一点号"后台首页，❶ 单击页面上方"发布"右侧的▼按钮，在打开的下拉菜单中选择"发小视频"选项；进入"小视频"页面；❷ 单击"视频上传"按钮，如图 9-7 所示；在弹出的"打开"对话框中选择合适格式的视频上传；上传完成后，即可跳转到视频编辑页面；❸ 进行相应的设置；❹ 单击"发布"按钮，如图 9-8 所示，即可发表视频。

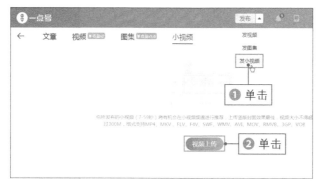

▲ 图 9-7　上传视频操作

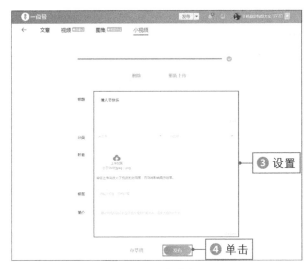

▲ 图 9-8　视频编辑页面

运营者发表 Vlog 短视频并审核通过后，会在一点资讯的"视频"页面中显示出来，从而让更多的人看到运营者发表的 Vlog 短视频。

当然，在发表时要注意选准时间，最好是早上 6:00 ～ 8:30 之前、中午 11:00 ～ 14:00 和晚上 17:30 以后。因为一点资讯平台的"视频"页面是按更新时间来展示视频的，选择在上述时间段进行推广，更容易显示在页面上方。

9.3　使用营销平台提升视频形象

在电商这类重点关注营销的平台上，通过 Vlog 短视频内容可以让用户更真实地感受产品和服务，因而很多商家和企业都选择通过 Vlog 短视频或直播的形式进行宣传推广。本节就以淘宝和京东为例，介绍如何进行 Vlog 短视频的运营推广，以便运营者在宣传 Vlog 短视频的同时，提升销量和品牌形象。

淘宝作为一个发展较早、用户众多的网购零售平台，每天至少都有几千万的固定访客。可见，在用户流量方面淘宝拥有巨大优势的。而利用这一优势进行短视频的推广和产品、品牌宣传，其效果同样惊人。

1. 淘宝的"逛逛"界面

运营者进入手机淘宝平台，点击"逛逛"按钮，即可进入"逛逛"页面。该页面上有很多分类，除了"穿搭""美食""萌宠""潮玩"，还有"彩妆""数码""家居"等类别。这些领域的淘宝账号都或多或少地发布了 Vlog 短视频内容。

运营者发布的与产品和品牌相关的 Vlog 短视频内容，完全可以通过这一渠道获得推广，让拥有众多用户的淘宝平台上的更多用户关注到。

2. 京东的"发现"和"商品"界面

京东是国内一家实力强大的电商平台，京东旗下拥有京东商城、京东金融及京东云等产品品牌。在传统电商领域，京东商城拥有十分重要的行业地位。在粉丝经济时代，京东为了寻求更好的发展，推出了各种形式的运营策略和功能，利用 Vlog 短视频进行产品和品牌宣传就是其中之一。

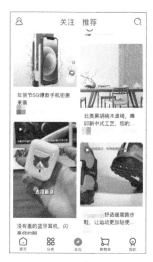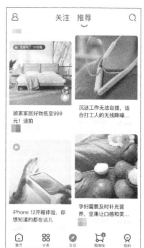

▲ 图 9-9 京东"发现"页面中的 Vlog 短视频内容

运营者点击"发现"按钮进入相应页面，选择"推荐"页面，在该页面上显示了商家上传的各种 Vlog 短视频内容，如图 9-9 所示。

运营者搜索和查看某一商品，有时会发现在其"商品"页面也显示了有关于商品的图片和视频内容。其中，视频标志出现在下方中间位置，如图 9-10 所示。

▲ 图 9-10 京东"商品"页面中的 Vlog 短视频内容

9.4 使用线下场景收获大批精准用户

在 Vlog 短视频推广过程中，除了线上平台，线下也是一个重要途径。基于 Vlog 短视频的优势，不少户外广告都采用了 Vlog 短视频的形式，并且这种广告凭借其稳定的传播范围和效率得到了企业和商家的青睐。本节就以线下场景为例，介绍 Vlog 短视频式的户外广告的运营推广和引流。

1. 地铁

在城市交通工具中，地铁无疑是比较受大家欢迎的——乘地铁成为节约时间和避免堵车的最佳交通方式之一。而在乘坐地铁的人群中，以上班族和商务人员居多。鉴于此，很多广告主都选择在地铁进行 Vlog 短视频推广。对广告主来说，利用地铁广告位进行 Vlog 短视频推广主要具有两个方面的优势，如图 9-11 所示。

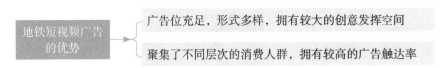

▲ 图 9-11　地铁 Vlog 短视频广告的优势

当然，在进行地铁 Vlog 短视频广告的运营推广时，运营者要注意区域化和精准化。一般来说，不同地区的地铁，其 Vlog 短视频广告内容应该具有差异性，如湖南湘窖酒厂的 Vlog 短视频广告，其选择的目的地就是长沙地铁，具有明显的区域性。

更重要的是，即使在同一个城市，每条地铁线由于其经过路线的不同，乘客也会有着很明显的属性差异，那么 Vlog 短视频广告也应该进行个性化、精准化投放。例如，一般通往火车站、机场的地铁线，乘客很多是长途而来的，或是旅游，或是路过，运营者可以播放一些城市或周边具有特色的景点、特产等，从而实现推广。

2. 城市商圈

城市商圈聚集起来的一般是年轻、时尚和有个性的消费者，消费者属性非常明显。因而，选择进行商圈 Vlog 短视频广告推广的广告主也很明确，一般是处于时尚或科技前沿的品牌，其类别可分为时尚奢侈品、高端化妆品、智联电子产品，以及前沿因特网科技公司等。

当然，无论是从商圈所处的地理优势和聚集的大流量，还是从广告主所处的发展路线来看，位于商圈类的 Vlog 短视频广告价格一般都比较贵。当然，在 Vlog 短视频展现方面也是物有所值的，一般都是通过商场内外的大屏广告屏进行展示，能够让更多的人注意到。

第 10 章

5 种 Vlog 平台变现方式

10.1 广告变现

广告变现是 Vlog 短视频盈利的常用方法，也是一种比较高效的变现模式，而且 Vlog 短视频中的广告形式可以分为很多种，如冠名商广告、浮窗 Logo 及广告植入等。本节将从广告这一常见形式出发，介绍如何通过 Vlog 短视频进行变现，实现获利目标。

1. 冠名商

冠名商广告，顾名思义，就是在节目内容中提到名称的广告。这种打广告的方式比较直接，相对而言比较生硬，主要表现形式有 3 种，如图 10-1 所示。

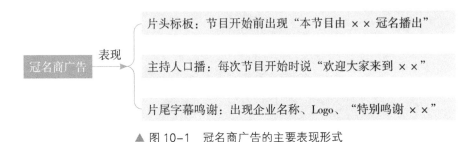

▲ 图 10-1 冠名商广告的主要表现形式

在 Vlog 短视频中，冠名商广告同样也比较活跃，一方面企业可以通过资深的自媒体人（网红）发布的 Vlog 短视频打响品牌、树立形象，吸引更多忠实客户；另一方面 Vlog 短视频平台和自媒体人（网红）可以从广告商方面获得赞助，双方成功实现变现。

2. 浮窗 Logo

浮窗 Logo 也是一种广告变现形式，即在播放过程中悬挂在视频画面角落里的标识。这种形式在电视节目中十分常见，但在 Vlog 短视频领域应用得比较少。

浮窗 Logo 是广告变现的一种巧妙形式，兼具优点和缺点，如图 10-2 所示。

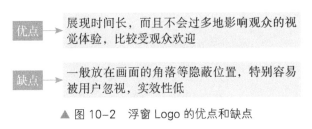

▲ 图 10-2 浮窗 Logo 的优点和缺点

3. 植入广告

在 Vlog 短视频中植入广告，即把 Vlog 短视频内容与广告结合起来，一般有两种形式：一种是硬性植入，不加任何修饰地、硬生生地植入到视频中；另一种是创意植入，即将 Vlog 短视频的内容、情节很好地与广告的理念融合在一起，不露痕迹，让观众不易察觉。相比较而言，第二种创意植入的方式效果更好，而且接受程度更好，如图 10-3 所示。

▲ 图 10-3　创意植入广告

在 Vlog 短视频领域中，广告植入的方式除了可以从"硬"广和"软"广的角度划分，还可以分为台词植入、剧情植入、场景植入、道具植入、奖品植入及音效植入等方式，具体介绍如图 10-4 所示。

台词植入 ▶ 视频主人公通过念台词的方法直接传递品牌的信息和特征，让广告成为视频内容的组成部分

剧情植入 ▶ 将广告悄无声息地与剧情结合起来，如演员收快递时，吃的零食、搬的东西，以及逛街买的衣服等，都可以植入广告

场景植入 ▶ 在视频画面中通过一些广告牌、剪贴画、标志性的物体来布置场景，从而吸引观众的注意

道具植入 ▶ 让产品以视频中的道具身份现身，道具可以包括很多东西，如手机、汽车、家电和抱枕等

▲ 图 10-4

<table>
<tr><td>奖品植入</td><td>很多自媒体人或者网红为了吸引用户的关注，让 Vlog 短视频传播的范围扩大，往往会采取抽奖的方式来提升用户的活跃度，激励他们点赞、评论、转发。同时他们不仅会在微博内容中提及抽奖信息，还会在视频结尾植入奖品的品牌信息</td></tr>
<tr><td>音效植入</td><td>用声音、音效等听觉方面的元素对受众起到暗示作用，从而传递品牌的信息和理念，达到广告植入的目的。比如各大著名手机品牌都有属于自己的、独特的铃声，使人们只要一听到熟悉的铃声，就会联想到手机的品牌信息</td></tr>
</table>

▲ 图 10-4 视频植入广告的方式

10.2 电商变现

对于 Vlog 短视频运营者来说，Vlog 短视频最直观、有效的盈利方式就是销售商品或服务进行电商变现。借助 Vlog 短视频平台销售产品或服务，只要有销量，就有收入。具体来说，用产品或服务进行电商变现主要有以下 3 种形式。

1. 视频购物

Vlog 短视频运营者可以在视频中插入商品链接，让 Vlog 短视频用户点击链接购买商品，从而通过视频购物进行变现。

2. 售卖课程

某些自媒体和培训机构自身无法为消费者提供实体类的商品，但是只要它们拥有足够的干货内容，同样能够通过 Vlog 短视频平台获取收益。比如，可以在 Vlog 短视频平台中通过开设课程招收学员的方式，借助课程费用实现变现。

3. 小店销售

Vlog 短视频运营者可以在平台上开设自己的小店，然后将相关商品都添加至小店中。只要小店中的商品销售出去了，Vlog 短视频运营者便可以获得收益，实现变现，如图 10-5 所示。

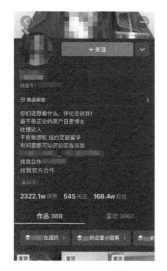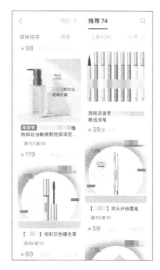

▲ 图 10-5　小店销售案例

10.3　流量变现

　　"快手＋微信"是线上精准流量变现的最佳方式，Vlog 短视频博主们可以将自己的快手粉丝引流至个人微信号、微信公众号、微信小店、微信商城或微信小程序等渠道，通过观看视频积累粉丝，从而引导粉丝进入微信带货。这种方式能更好地让流量快速变现，如图 10-6 所示。

▲ 图 10-6　快手达人的个人简介界面

10.4　粉丝变现

粉丝变现的关键在于吸引视频用户观看 Vlog 短视频，然后通过 Vlog 短视频内容引导视频用户，从而达成自身目的。一般来说，粉丝变现主要有平台盈利、引流线下和账号出售 3 种方式，下面分别进行解读。

1. 平台盈利

部分 Vlog 短视频运营者可能同时经营着多个线上平台，而且当前所在的平台并不是其最重要的平台。对于这部分 Vlog 短视频运营者来说，通过一定的方法将当前平台的粉丝引导至目标平台，让粉丝在目标平台中发挥力量就显得非常关键了。

一般来说，可以通过两种方式将当前平台粉丝引导至其他平台。一是通过链接引导；二是通过文字、语音等表达进行引导。

通过链接引导粉丝比较常见的方式是，在视频或直播中将销售的商品插入其他平台的链接，此时，用户只需点击链接，便可进入目标平台。另外，当前平台用户进入目标平台后，Vlog 短视频运营者还可以通过一定的方法，如发放平台优惠券，将当前平台的用户变成目标平台的粉丝，让当前平台的用户在该平台上持续贡献购买力。

通过文字、语音等表达进行引导的常见方式是，在视频、直播等过程中，简单地对相关内容进行展示，然后通过文字和语音将对具体内容感兴趣的当前平台用户引导至目标平台。

2. 引流线下

视频用户都是通过 Vlog 短视频 App 来查看线上发布的相关 Vlog 短视频的，而对于一些在线上没有店铺的视频用户来说，所要做的就是通过 Vlog 短视频将线上的视频用户引导至线下，让用户到实体店打卡。

如果 Vlog 短视频运营者拥有自己的线下店铺，或者有与线下企业合作，则建议大家一定要做位置定位，这样可以获得一个地址标签，让视频用户可以借助地图更方便地找到你的店铺，并到店铺中进行打卡。

此外，运营者将 Vlog 短视频上传后，附近的视频用户还可在同城板块中看到你的 Vlog 短视频。再加上定位功能的指引，便可以有效地将附近的用户引导至线下实体店。

3. 账号出售

在生活中，无论是线上还是线下，都是有转让费存在的。而这一概念随着时代的发展，逐渐有了账号转让的存在。同样，账号转让需要接收者向转让者支付一定费用，最终使账号转让成为获利变现的方式之一。

而对 Vlog 短视频平台而言，由于 Vlog 短视频账号更多的是基于优质内容发展起来的，因此，Vlog 短视频账号转让变现通常比较适合发布较多原创内容的账号。如今，因特网上关于账号转让的信息非常多，在这些信息中，有意向的账号接收者一定要慎重对待，不能轻信，并且一定要到比较正规的网站上进行操作，否则很容易上当受骗。

10.5 直播变现

随着变现方式的不断拓展深化，很多短视频平台不单单向用户提供展示 Vlog 短视频的功能，而且还开启了直播功能，为已经拥有较高人气的 IP 提供变现的平台，粉丝可以在直播中通过送礼物的方式与主播互动。以著名的短视频平台快手为例，通过标签化的 IP 成功变现，具体的步骤如下。

在快手 App 的某直播间页面，❶ 点击右下方的"礼物"图标，如图 10-7 所示；进入"礼物"页面；❷ 选择具体的礼物；❸ 点击"发送"按钮，如图 10-8 所示。在余额充足的情况下，即可完成送礼物操作。主播通过收到的礼物获取相应的利润，从而实现变现。

▲ 图 10-7 直播的主页

▲ 图 10-8 发送礼物

　　短视频平台开启直播入口，是为了让已经形成自己风格的 IP 或大咖能够高效变现。这也算是一种对 Vlog 短视频变现模式的补充，因为用户已经对具有重要影响力的 Vlog 短视频达人形成了高度的信任感和依赖感，因此也会更愿意送礼物给他们，如此一来变现也就更加简单。